科学家妈妈讲“大国重器”

跟“嫦娥”去探月

唐玉华——著

中国妇女出版社

图书在版编目（CIP）数据
跟“嫦娥”去探月 / 唐玉华著. -- 北京 ：中国妇女出版社，2025. 5. --（科学家妈妈讲“大国重器”）.
ISBN 978-7-5127-2463-1
Ⅰ. V1-49
中国国家版本馆CIP数据核字第2024KB3134号

策划编辑：肖玲玲
责任编辑：肖玲玲　王琇瑾
封面设计：介末设计
插画绘制：朱雀为夏
责任印制：李志国

出版发行：中国妇女出版社
地　　址：北京市东城区史家胡同甲24号　　邮政编码：100010
电　　话：（010）65133160（发行部）　　65133161（邮购）
网　　址：www.womenbooks.cn
邮　　箱：zgfncbs@womenbooks.cn
法律顾问：北京市道可特律师事务所
经　　销：各地新华书店
印　　刷：北京中科印刷有限公司

开　　本：165mm×235mm　1/16
印　　张：15.75
字　　数：260千字
版　　次：2025年5月第1版　　2025年5月第1次印刷
定　　价：69.80元

序言

自古以来，皎皎明月寄托了中华民族的美好梦想和深厚情怀，从嫦娥奔月的古老神话到“可上九天揽月”的壮志豪情，月亮生生不息地滋养着国人的心灵。望月悠悠越千载，征途无畏向今朝。如今，科技之光穿透夜的帷幕，在浩瀚太空中留下越来越多的中国印记，从蓝图绘梦到奋斗圆梦，中国人从未停止探索的脚步，将对月亮绵延不绝的想象逐步化为触手可及的现实。

习近平总书记指出：“党中央决策实施探月工程，圆的就是中华民族自强不息的飞天揽月之梦。月球探测的每一个大胆设想、每一次成功实施，都是人类认识和利用星球能力的充分展示。”自 2004 年中国探月工程扬帆起航，“嫦娥”奔月之旅已历二十载，成功实施了嫦娥一号到嫦娥六号任务，特别是嫦娥三号实现中国首次地外天体着陆探测，嫦娥六号实现人类首次月背采样返回，铸就了中国科技创新史上的一座座丰碑。探月工程的一次次突破，是中国航天人大力弘扬探月精神、勇攀科技高峰的集中体现，也是中华民族为人类探索宇宙贡献中国智慧和中国力量的伟大实践。

宇宙浩瀚无垠，星河逐梦无限。中国探月正向着新的更高目标稳步迈进，沿着航天强国新征程勇毅前行，续写着星际探测的宏伟篇章。嫦娥七号将解开月球南极水冰之谜；嫦娥八号将开启月球资源探索利用之旅；国际月球科研站将建设人类月球新家园，构建人类命运共同体。

本书作者作为探月工程数万名科技工作者中的杰出女性代表，亲历了从嫦娥一号到嫦娥六号的奋斗艰辛与成功喜悦，将这段非凡历程凝聚于字里行间，细腻而生动地展现在我们眼前，以独特而亲切的视角，深入浅出地解读了复杂的科学原理与工程技术细节，用通俗易懂的语言，将探月之旅的奥秘与魅力娓娓道来，既剖析了过去任务的特点与难点，又畅想了月球探测的未来与挑战，为读者们展现了中国探月工程的壮丽画卷。

每一次月球探测都是勇气与智慧的交织，不断感召着新时代的年轻奋进者。传承的薪火从未熄灭，接力的步伐愈发坚定。我诚挚期盼本书能以动人的探月故事、翔实的探月知识、生动的叙述笔触，“圈粉”广大读者，激发年轻一代积极探索，鼓舞年轻一代奋发向上。相信每一个热爱科学、怀揣宇宙梦想的人，都能从这本书中获得宝贵的启示和力量，与星辰对话，与梦想同行。让青春之焰，照亮中华民族未来的天空。

探月工程总设计师：吴伟仁

2024 年 11 月

前言

2023年秋，本人有幸参加全国妇联、中国科协联合举办的巾帼科普示范活动暨“科普她力量”巾帼科普巡讲，从而与中国妇女出版社结缘。时逢出版社正在策划巾帼科普系列图书“科学家妈妈讲‘大国重器’”。活动结束后，受出版社委托，为巾帼科普尽绵薄之力，我策划起草本书。

探月工程实施已整整20年，在此期间，关于月球探测的科普图书已有数十本，本书内容的着力点着实让人难以抉择。在认真拜读前人著作的基础上，本人结合参与探月工程的经历，最终确定本书的框架和内容，以作为前书的补充，为读者提供阅读参考。

本书力图从中国的探月初衷、基础及发展历程讲起，通过探月工程的整体规划、各次任务实施难点和特点、未来探月计划以及国际月球探测形势的描述，让读者了解整个探月工程的进展、成就及未来愿景。本人试图揣度读者心理，将各次任务较有特点的部分进行详细介绍，以此作为写作重点；在涉及的相关知识点上，增加了延伸阅读内容，以期使读者更好地掌握知识点，更好地理解所述内容。

本书在写作过程中参考了大量的设计文件和公开发表的科学技术文章（书后列有参考文献），力争表述真实准确。没有文件资料参考的部分任务实施内容，本人均详细咨询了当时参与的骨干人员，以确保描写准确无误。

在本书的写作过程中，本人得到了中国妇女出版社的大力支持，特别是肖玲玲老师，从出版专业角度为本书框架和内容的确定提供了指导，并协助开展了相关内容的整理及修订工作。在本书材料整理和出版过程中，探月与航天工程中心和深空探测实验室的领导给予了关心和支持。探月与航天工程中心田少杰，深空探测实验室郭强、王思龙等在论文和资料搜集中给予了很大帮助。中国航天科技集团空间技术研究院张伍、黄晓峰、马继楠、周文艳、熊亮，中国科学院国家空间科学中心邹永廖、薛长斌，上海天文台洪晓瑜，北京跟踪与通信技术研究所李海涛，北京理工大学李翔宇等在工程实施的相关环节和科学技术内容的表述上给予了耐心指导。在此一并表示感谢。

由于本人水平有限，本书疏漏和错误之处在所难免，万望读者不吝批评指正！

唐玉华
2024 年 10 月

目录

第一章

拉开中国探月的序幕

第二章

第一次离开地球——嫦娥一号的故事

第三章

第一次深空远行——嫦娥二号的故事

第四章

中国首个月球着陆器——嫦娥三号

第五章

第一次到达月背——嫦娥四号的故事

第六章

第一次月面采样返回——嫦娥五号的故事

第七章 第一次月背返回——嫦娥六号

第八章 中国探月工程的成就和未来畅想

第一章

拉开中国探月的序幕

01

中国为什么要探月

探索未知世界是人类发展的永恒动力，认识茫茫宇宙是人类的不懈追求。人类自诞生之日起，从仰望璀璨星空时，就对浩瀚宇宙充满了好奇与憧憬。千百年来，人类一直在努力用一切手段认知、探索宇宙。

地球是人类的摇篮，但地球只是宇宙中的沧海一粟，随着科学技术的发展，寻找和拓展更广阔的生存空间是人类的必然选择。

月球是地球唯一的一颗天然卫星，是距离地球最近的天体，是人类走向更远深空的前哨站和试验场。月球蕴藏了地球、太阳系起源和演化的无穷奥秘，拥有丰富的物质资源和独特的位置资源，是人类认识宇宙、利用太空的理想场所。从早期的裸眼观测到利用望远镜观测，再到无人探测器飞抵探测和有人探测器就位探测，月球探索展现了人类追逐梦想、勇于探索的精神。

开展月球探测，是涉及多领域、多学科高度交叉融合的复杂大系统工程，可以带动数学、物理学、地球科学、天文学等自然科学和力学、机械工程、材料科学与工程、仪器科学与工程、计算机科学与技术、信息与通信、自动控制等工程科学及管理科学和交叉学科的发展。

人类对月球的探索开始于20世纪50年代。美国和苏联的太空竞赛引发第一次探月热潮。美、苏两国均成功发射人造卫星后不久，就将注意力转向了月球，共开展了100次无人探测和11次载人探测（美国）。美、苏两国通过月球探测，取得了重要的科学成果和巨大的技术进步：获得了大量月球样本和第一手科学数据，大幅提升了月球科学进展；建立了强大的航天工业技术体系，带动了电子、计算机、自动控制、宇航推进等技术的快速发展；“阿波罗计划”产生的3000多项技术成果转化为民用并形成产业化，获得了巨大的经济效益；带动了系统工程科学的建立和发展，并成为系统工程管理的典范。美、苏两国的月球竞赛大大推动了两国科技、工业、经济和社会的发展。

开展月球探测还有利于探索宇宙未知、开发月球资源，带动和促进空间科学、空间技术和空间应用快速发展；有利于拓展人类活动疆域，促进人类文明和经济社会可持续发展；有利于推进我国航天领域国际合作，维护我国国际外空事务权益。

延伸阅读

月球基础认识

月球围绕地球做近圆形轨道运动，其轨道半长轴为384400千米，偏心率为0.05，地月通信时间滞后约3秒。月球轨道面（月球绕地球旋转轨道所在平面，也称为白道面）与地球轨道面（地球绕太阳旋转轨道所在平面，也称为黄道面）夹角在4° 57′ ～ 5° 17′ 之间变化，平均为5° 9′；月球自转轴的倾角（自转轴相对于黄道面法线夹角）为1° 32′；月球赤道面与月球轨道面夹角平均为6° 41′。

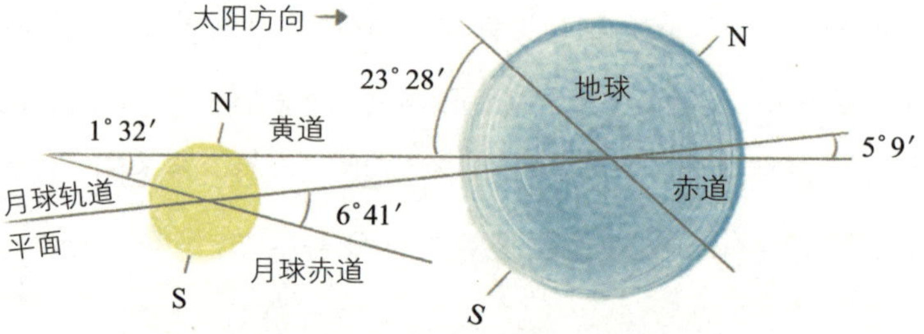

图 1-1　月球绕地球的旋转轴和轨道几何关系

潮汐锁定 [潮汐锁定是宇宙中普遍存在的天体力学现象。通常，小天体更容易被大天体锁定。在一定引力距离上，一个小天体围绕一个大天体运行（公转），由于大天体引力梯度作用（引力随距离的变化），靠近大天体的一侧受到的引力比远离大天体的一侧更强，这种差异导致小天体被拉伸，形成“隆起”，开始时“隆起”部分偏离两个天体的质心连线，形成扭矩，使小天体在运行过程中能量耗散、自转速度减慢，长期作用后，最终使小天体自转周期与公转周期同步，“隆起”始终指向大天体，系统达到稳定，小天体仅有一面永久朝向大天体，形成潮汐锁定］使得月球的自转周期等于其绕地球的公转周期，这导致月球总以同一个半球面朝向地球，而在地球上永远无法直接观察到月球背面。同时由于天平动（从中心天体上看到被潮汐锁定的卫星缓慢地摆动，这种摆动可以是真实摆动，也可以是视觉效应）的效应，地球上可以观测到的月球面积比 50% 略大，约为 59%。

月球自转周期为 27.3217 天（月球的恒星日），月球上的一天约等于地球上的一个月。同时由于月球自转轴倾角仅有 1° 32′，几乎垂直于黄道面，远小于地球的 23° 28′，这导致月球表面不同纬度的区域昼夜几乎等长，均约为 14 天，类似于地球处于春分或秋分点时全球昼夜等长的状态。

月球近似于一个球体，平均半径约为 1737 千米，相当于地球半径的 27%；质量为 7.35×10^{22} 千克，约为地球质量的 1/81；体积只有地球体积的 1/49；表面积为 3790 万平方千米，是地球表面积的 1/14；平均密度为 3.34 克 / 立方厘米，比地球的平均密度（5.52 克 / 立方厘米）小；月球赤道上的重力加速度为 1.62 米 / 秒 ^{2}，只有地球的 1/6；月球上的逃逸速度只有 2.38 千米 / 秒，比地球上的逃逸速度（11.2 千米 / 秒）小得多。

02

我国探月工程的实施背景

苏联于 1957 年 10 月 4 日发射了第一颗人造地球卫星，1959 年发射了第一个月球探测器。1969 年 7 月 20 日，美国宇航员阿姆斯特朗首次登陆月球，迈出了人类地外天体行走的第一步。当时的中国，无论是经济实力还是技术能力、科技水平和科研队伍，都无法与美、苏相提并论。

我国航天事业开创于 1956 年，从研究导弹起步。1970 年 4 月 24 日，我国发射了第一颗人造地球卫星——东方红一号。东方红一号卫星发射成功，标志着我国成为继苏、美、法、日之后第五个把卫星送上太空的国家。

1994 年，美国克莱门汀号轨道探测器发现月球上可能存在水，再次掀起了国际上的探月热潮。除美、俄之外，欧洲、日本、印度等国家和组织也纷纷提出探月计划。

对于中国来讲，这一次，我们不能再错过，既要站在国际前沿，又要立足中国国情，把探索宇宙奥秘的期盼与国家科技能力有机结合起来，着力打造一个自主创新、自立自强的探月工程。但是，摆在中国科学家面前的是，此前中国航天触及的仅仅是近地空间，而要探索38万千米外的月球，在轨道设计、测控距离、空间环境等方面，无疑都是全新的挑战。资料不足、经验匮乏、风险极高，一些关键技术亟待攻关突破。

延伸阅读

世界其他国家和组织的探月史

苏联 / 俄罗斯

1957—1976 年间，苏联共开展 64 次无人月球探测活动。1959 年 1 月，在 1958 年 3 次尝试发射失败后，苏联成功发射了首个月球探测器“月球 1 号”，拉开了人类月球探测的序幕。自此至 1976 年，苏联的无人月球探测活动，实现了月球环绕、着陆、巡视和采样返回。为与美国竞争，苏联也开展了载人登月的探索，研制联盟号飞船，但由于其运载工具 N-1 火箭的技术难题，在经历了 4 次试验连续失败后，1974 年苏联放弃了载人登月的计划。

冷战结束后，俄罗斯开展了 1 次月球探测。2023 年 8 月，其成功发射月球 25 号探测器，拟在月球南极着陆，开展水冰探测。但由于轨道控制问题，探测器在月球表面撞毁。

美国

1957—1976 年间，美国共开展 46 次无人月球探测和 11 次载人探测：1958—1959 年间，美国向月球发送了一系列先驱者（共 5 次，月球附近无人航天器），全部以失败告终；1959 年 12 月，启动徘徊者计划（共 9 次）环月探测任务，徘徊者 1 ~ 6 号都因不同故障而失败，直到 1964 年，徘徊者 7 号才成功开展月球探测。之后，美国又开展月球轨道飞行器（1966—1967 年，共 5 次，全部进入月球轨道，对登月点进行拍照）、勘测者（1966—1968 年，共 7 次，5 次成功）无人月面软着陆任务。1961—1966 年，美国实施了“双子星座”计划，发展载人登月的技术并训练航天员。历时 5 年，完成 10 次环绕地球轨道载人飞行，每次 2 人。同时，1961 年，美国制订阿波罗计划，开展载人登月飞行任务。1967 年，阿波罗 1 号发射模拟飞行，飞船发生火灾，造成人员伤亡，美国航空航天局暂停载人登月计划，直至阿波罗 7 号验证了改进程序后的安全性，载人登月任务才重新启动。之后，美国共开展了 11 次载人登月飞行任务。1968 年 12 月，阿波罗 8 号成功载人绕月并返回地球。1969 年 7 月，阿波罗 11 号首次成功搭载 2 名宇航员登陆月球。

20 世纪 90 年代以来，美国共开展了 9 次月球探测：1994 年，发射克莱门汀号轨道探测器，开展月球全球测绘并试验 23 项新技术；1998 年，发射月球勘探者绕月探测器，开展月球成像；2009 年 6 月，发射月球勘测轨道器，开展月球地形地貌和资源勘测；2011 年 9 月，发射圣杯号（由埃布号和弗洛号两个探测器组成），开展月球重力重建与内部结构研究，2012 年 12 月受控撞月；2013 年 9 月，发射月球大气与尘埃环境探测器，完成科学任务后，2014 年 4 月受控撞月。

2017 年，美国提出重返月球计划——阿尔忒弥斯计划，计划在 2024 年将宇航员送往月球南极，并在月球南极附近建立“大本营”。阿尔忒弥斯计划分两个阶段实施：第一阶段于 2019—2024 年实施 5 次任务，其中阿尔忒弥斯 1 号为无人试验飞船，阿尔忒弥斯 2 号将进行载人环月飞行，阿尔忒弥斯 3 ～ 5 号将在月球南极载人着陆；第二阶段于 2025—2030 年实施多次任务，在月面长期驻留，建立永久基地。2022 年 6 月，美国发射地月自主定位系统技术操作和导航试验卫星，为阿尔忒弥斯计划进行技术验证。2022 年 11 月，阿尔忒弥斯 1 号发射升空，开展绕月飞行测试。原定 2024 年发射的阿尔忒弥斯 2 号推迟至 2025 年 9 月发射，后续任务均依次推迟。

近年来，美国利用商业公司开展月球探测。2024 年 1 月，美国航天机器人技术公司研发的游隼号月球着陆器发射升空，由于推进剂泄漏，导致无法实现软着陆而返回地球，在地球大气层烧毁，任务失败。2024 年 2 月，美国直觉机器公司发射奥德修斯号着陆器（IM-1)，成功软着陆（着陆时侧翻，但运行正常）在月球南极地区马拉珀特 A 陨石坑附近，成为半个世纪以来首个成功登陆月球的美国航天器（只工作 1 个月）；之后还将发射 IM-2、IM-3 等着陆器，为美国航空航天局的载人登月探路。

日本

1990 年 1 月，飞天号飞向月球，携带一颗小型月球轨道环绕器羽衣号，但不幸失败。2007 年 9 月，日本发射月亮女神号月球轨道器，开展物质成分等科学探测。2022 年 11 月，日本发射首个登月探测器——好客号，但升空后因未能与地面建立通信而宣告失败。2022 年 12 月，第二个月球着陆器白兔 -R-M1 号搭载在美国猎鹰 9 号运载火箭上发射升空；2023 年 4 月，在着陆过程中失去联系，可能是因为偏离着陆点而坠毁。2023 年 9 月，智能月球探测器 SLIM 发射，并于 2024 年 1 月成功在月球表面着陆。

印度

2008 年 10 月，月船 1 号月球探测器成功发射；2019 年 7 月，月船 2 号月球探测器（包括环绕器和维克拉姆号着陆器）成功发射，但着陆器登月失败；2023 年 7 月，月船 3 号月球探测器（携带智慧号月球车）成功发射，并着陆在月球南极附近月面。

欧洲航天局

2003 年 9 月，欧洲航天局成功发射 SMART-1 号。2005 年 1 月，SMART-1 号进入绕月轨道开展科学探测；2006 年 9 月，撞击月球。

韩国

2022 年 8 月，韩国发射赏月号月球轨道探测器（搭载在美国猎鹰 9 号火箭上）；12 月，赏月号成功绕月探测。

以色列

2019 年 2 月，以色列发射由非营利组织“以色列太空登陆组织”和国营以色列航空航天工业公司共同研发的创世纪号月球着陆器（搭载在美国猎鹰 9 号火箭上），成功进入月球轨道，但在着陆过程中，由于主发动机故障撞毁在月球表面。该团队还将继续研发创世纪 2 号，以望再次朝月球进发。

03

中国探月序曲

1978年，为推动中美尽快建交，时任美国总统国家安全事务顾问的布热津斯基访问中国，带来了一份珍贵礼物——一块从月球采回来的岩石，质量仅一克。为了弄清这个“小颗粒”的来历，中国科学院地球化学研究所欧阳自远（天体化学专家，时任研究员）牵头，对样品开展研究。他组织了近百名各方面的专家，一起制订详细研究计划，利用一半的样品，独立开展了矿物成分、物理性质、岩石结构等研究，发表了12篇论文，详细阐述了月岩样品为美国阿波罗17号飞船登月时采集的高钛月海玄武岩，受到了美国专家的钦佩。实际上，在此之前，我国部分学者就已经开始跟踪国际月球探测的研究进展，期盼着有一天中国人也能上月球，用第一手资料更深入地了解月球。

1990—1995年，国家科学技术委员会两次组织相关单位，论证了利用新研火箭首飞进行探月尝试的可能性，但除了远距离测控能力不足、经费预算不够等客观原因外，由于所提出的探月方案没有明确、系统的科学目标和工程目标，探月的意义大打折扣，因而搁浅。

面对现实，科学家们从热情地追求到理智地思考，月球探测的早期论证在经历两次反复后更加务实了。1995年，作为先期研究，国家高技术研究发展计划（“863”计划）航天领域专家委员会提出并下达了“我国开展月球探测的必要性和可行性研究”课题，专家学者围绕“我们为什么去月球”“到月球去干什么”“怎么去月球”等专题进行详细论证，形成了我国第一套比较完整的论证报告。报告通过分析国外月球探测发展情况，提出了我国月球探测的任务和第一阶段绕月探测的科学目标，论述了我国已经具备的条件、需要攻克的关键技术，以及第一颗月球卫星的初步方案。

专家们认为，应用卫星、载人航天、深空探测是航天三大领域，我国只发展了两个领域，深空探测仍属空白。开展月球探测不仅能壮国威，提高民族凝聚力，了解月球，深化人类对地球、太阳系以及宇宙起源与演化的研究和认识，而且月球上丰富的资源将是各国解决能源危机必争的对象。在未来空间资源的分享中，作为一个发展中大国，中国应该考虑自己的月球权益。我们已经掌握了卫星、运载火箭、测控和发射技术，技术力量雄厚，对月球探测器和月球科学也已跟踪研究了多年，因此，我国开展月球探测活动的条件已经完全成熟。

1998年，国防科学技术工业委员会（简称“国防科工委”，内设国家航天局）在政府机构改革中成立，迅速组织精兵强将推进探月工程的论证，并在《中国的航天》白皮书中阐述“开展以月球探测为主的深空探测的预先研究”，并于2000年11月由国务院新闻办公室对外发布。

2001年1月，国防科工委在哈尔滨召开了首届深空探测会议，与会的专家学者就加快我国探月工程论证、推动我国探月工程立项达成了共识，探月工程得到了科技界的广泛支持。

2001年12月，国防科工委委托经验丰富的航天专家孙家栋院士（担任过多颗卫星研制的总设计师）牵头，开展探月一期工程——绕月探测工程详细论证。全国数十名航天工程技术人员和月球科学家经过一年多的综合论证，围绕如何利用我国实际测控实践只有8万千米的测控网实现38万千米精确测控、如何选取奔月轨道等专题进行抽丝剥茧的详细论证。专家们从我国航天的实际出发，形成了利用我国现有技术最可靠、低成本、合理可行的首次绕月探测工程技术方案。这进一步激发了中国航天人和空间科学家的探月热情，大家纷纷投入到探月工程的预先研究工作中，中国探月工程开始驶入快车道。2002年8月，深空探测国际研讨会在青岛召开，时任国家航天局局长栾恩杰向与会代表详细介绍了我国月球探测的发展思路，在国际、国内航天界引起了强烈反响。

方案提出到实施并不是一蹴而就的事情，作为一项国家重大工程，探月工程的立项十分谨慎，在征得科学技术部、中国科学院、中国工程院等相关部门的意见并获得大力协助和支持后，中央领导多次听取探月工程的论证情况汇报，并作出重要指示批示。2004年1月，国务院批准了国防科工委、财政部《关于绕月探测工程的立项请示》。至此，绕月探测工程正式启动。

延伸阅读

月球环境与地球环境的不同点

月球上的温度

月球表面由于没有大气层（实际上月球表面有极其微薄的大气，其气压仅为地球表面大气压的万亿分之一，可以忽略）的保温和传热，昼夜温差非常大，白天受阳光照射的地方，温度可高达127℃，而夜间和阳光照射不到的阴暗处，温度会下降到-196℃左右（过去认为是-180℃，嫦娥四号实测着陆点月夜最低温度为-196℃）。根据阿波罗号测量数据和嫦娥四号测量数据对比，随着纬度的升高，月夜最低温度逐渐降低。

月食的时候，月球表面会迅速冷却，2小时内温度下降可达250℃。同时月球表面的导热性非常小，研究发现月表温度变化仅在岩石表面12厘米的范围内进行，更深的地下层，昼夜温度波动不大。

月球上的表面辐射

由于没有磁场与大气的庇护，太阳风与宇宙射线可以直接到达月球表面，月球表面辐射主要来源于太阳风、太阳耀斑与银河宇宙射线。按照辐射类型，月球表面面临的电离辐射包括质子、电子和一些重核子。由于这些粒子的能量和组成不同，它们与月球间产生的相互作用也不同，渗透深度从几厘米到几米不等。这些辐射会使航天器发生表面充电效应、单粒子效应、位移损伤效应和总剂量效应等，给航天器带来损伤。因此，任何近月和月表的探测器都需要进行辐射防护。

月球的磁场

根据月球轨道飞行器测量的结果，月球没有全球性的偶极磁场，只在局部区域存在一些微弱磁场。对月球岩石样品剩磁的研究发现，32 亿年前的月球岩石具有较明显的剩余磁场强度，表明古代月球具有偶极磁场；而后期形成的岩石，几乎都缺乏剩磁，表明月球全球性的磁场已消失。在阿波罗任务中，只检测到了一个非常弱的磁场，大约只有（3 ～ 300）$\times 10^{-9}$ 特斯拉，作为对比，地球磁场约为（5 ～ 6）$\times 10^{-5}$ 特斯拉，远高于月球。

月球上的土壤

月球表面覆盖一层淡褐、暗灰色土壤，称为月壤，其元素与地球上的土壤基本相同，包括氧、硅和铝。月壤是月球在漫长的地质历史过程中不断遭受陨石和微陨石撞击破碎、冲击玻璃焊接、太阳风粒子和宇宙射线轰击形成的。月壤大部分由小于 1 毫米的、具有黏聚性的细颗粒组成。多数月壤的颗粒大小差异不大，月壤颗粒大小的中间值为 40 ～ 130 微米，嫦娥五号样品显示，月壤平均粒度为 50 微米。月壤颗粒不圆滑，有棱，对物体损伤较大，不具有肥力，不支持植物生长。

地球土壤是地表岩石受风化侵蚀、搬运和堆积等地质作用的结果。地球土壤由于生物活动的参与，富含矿物质和有机质，具有肥力，能支持植物生长。

由于月壤非常细小，推力器点火、巡视器与月壤相互作用、稍大一点的陨石撞击都可能引起悬浮尘埃，形成月尘环境。悬浮尘埃可以侵蚀没有完全密闭的轴承、齿轮和其他机械装置，造成机械元件磨损。而且月球尘埃携带静电，可以造成仪器表面被覆尘埃。由于月壤长期受到太阳风与宇宙射线辐照，其内部还有少量的氦 -3（据估计，氦 -3 约占月壤质量的亿分之一），氦 -3 与氘聚变时不产生中子辐射，是一种清洁而理想的聚变材料，具有潜在价值。

问问科学家

月海是海吗？

月海虽然名字里有海，但它不是真的海。在月球上，主要有两大地理单元，一是月海，二是月陆（也称高地）。月海是月面上宽广的平原，约占月表面积的25%。绝大多数月海分布在月球正面（即向着地球的一面），约占整个正面半球表面积的一半，尤以北半球的月海分布更为显著。月海地区最大坡度约为17°，一般坡度在0°～10°。月陆是指月球表面高出月海的地区，一般高出月球水准面约2～3千米，面积约占月表面积的75%。在月球正面，月陆的总面积和月海的总面积大体相等；月陆地区较月海地区起伏更大，最大坡度约为34°，一般为0°～23°。撞击坑内侧坡度很陡，在25°～50°之间，一般为35°，外侧坡度则很缓，只有3°～8°。

图 1-2　嫦娥一号获得的全月三维数字地形图

问问科学家

氦-3和太阳风

氦-3是一种自身很稳定的稀有同位素，是一种清洁、高效的核聚变燃料，主要来源是太阳风。地球上由于有磁场和大气层，阻隔了大部分的太阳风，因此地球上氦-3含量微小。月球上由于没有全球性磁场和大气层，太阳风能够直接注入月壤及岩石中，长期作用使月球上累积了丰富的氦-3。

太阳风是太阳上层大气向外射出的超声速等离子体带电粒子流（主要成分是质子和电子），其流动时所产生的效应与空气流动十分相似，因此被称为“太阳风”。太阳风的猛烈程度远胜于地球上的台风，通常速度达到每秒几百千米（台风速度仅为每秒几十米）。太阳风对人类的生产生活带来很大影响，比如会对无线电信号产生干扰、对在轨运行的航天器造成伤害、影响航天员的身体健康等。

04

中国探月工程规划

纵观人类探月历史，探月活动都是从易到难。我国绕月探测工程总指挥栾恩杰把人类探索、开发和利用月球的活动概括为“探月”（即无人探测）、“登月”（即航天员登上月球）和“驻月”（即建立有人照料的永久月球基地）三大阶段。我国的月球探测工程起步晚，为保证工程的顺利实施，也是先从无人探测开始。

1998 年，在国防科工委牵头下，月球探测工程规划论证启动。2003 年 9 月，《我国月球探测工程总体思路》制定形成，提出 2020 年前实现“绕、落、回”三步走战略规划，并将其划分为一、二、三期工程。我国“三步走”战略采取顶层设计、科学规划、分步实施的原则，聚焦“自主创新、重点跨越、支撑发展、引领未来”的目标，“一张蓝图绘到底”，采用“一条龙”攻关攻坚、“一盘棋”协同推进、“一体化”迭代提升的方法，稳步推进实施。

2004 年 1 月，我国首次绕月探测任务（探月工程一期）正式获得立项实施。探月工程承载了中华民族千年的奔月梦想，寄予了中国人飞天揽月的厚望。因为赋予了探月工程中国“嫦娥奔月”美丽传说的寓意，老一辈探月人将其命名为“嫦娥工程”，首次绕月探测任务命名为“嫦娥一号”任务，后续工程各次任务名称依次类推。二期工程、三期工程分别于 2008 年 2 月和 2011 年 1 月正式立项实施。

2017 年，在即将完成最初的探月一、二、三期工程的情况下，探月工程队伍根据国际发展趋势，结合我国发展需求，进一步论证，提出了月球南极探测规划，即探月工程四期。2018 年 10 月，探月四期工程列入深空探测规划，2021 年 12 月正式立项实施。

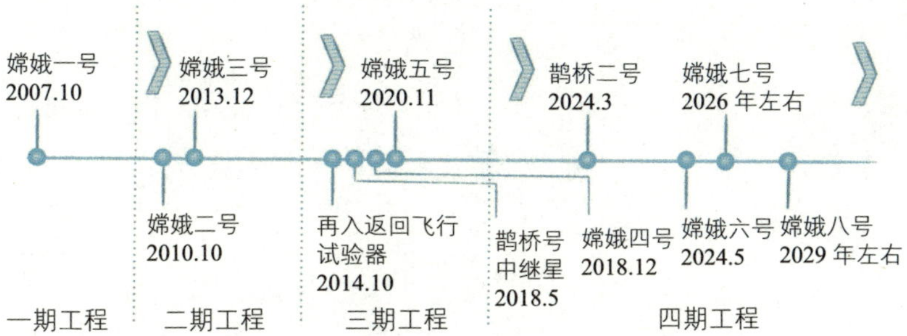

图 1-3 中国探月工程规划示意图

一期工程“绕”的目标由嫦娥一号任务完成。

二期工程“落”的目标由嫦娥二号（嫦娥一号备份平台改进）落区成像选点任务和嫦娥三号首次落月任务实现。

三期工程“回”的目标由再入返回飞行试验任务和嫦娥五号首次采样返回任务实现。

嫦娥四号、六号分别作为嫦娥三号、五号备份平台进行改进后，纳入探月工程四期，作为四期工程的先导任务，开展月球背面南极区域的探测。此外，新研嫦娥七号、八号作为四期工程主任务，开展月球南极科学探测和技术试验，并建立月球科研站基本型，先期验证月球科研站相关关键技术。

后续，探月工程还将继续论证实施多国共建共享、长期稳定运行的国际月球科研站计划，为进一步提升人类对月球和宇宙的认知、提升开发利用月球技术水平、服务人类文明、增进人类福祉作出开拓性贡献。

05

探月工程系统组成

2006 年，在《国家中长期科学和技术发展规划纲要（2006—2020 年）》中，探月工程被列为 16 个重大专项国家战略科技工程之一，由国家航天局牵头组织实施。为高标准、高质量、高效率实施探月工程，圆满完成无人探月战略目标，国家航天局组织成立了多个相关部门联合的工程领导小组，负责工程战略把握和实施过程中资源统筹协调和重大事项决策；设立“两总系统”，即总指挥系统和总设计师系统，牵头开展工程研制过程中的质量、计划、经费、技术和风险把控；专门成立月球探测工程中心（2008 年改为探月与航天工程中心），作为工程总体和工程两总办事机构及领导小组办公室，开展工程总体设计、组织实施和后续规划论证等相关工作；按照任务特点和功能，建立工程系统，包括探测器（卫星）系统、运载火箭系统、发射场系统、测控（与回收）系统和地面应用系统五大系统（图 1-4）。

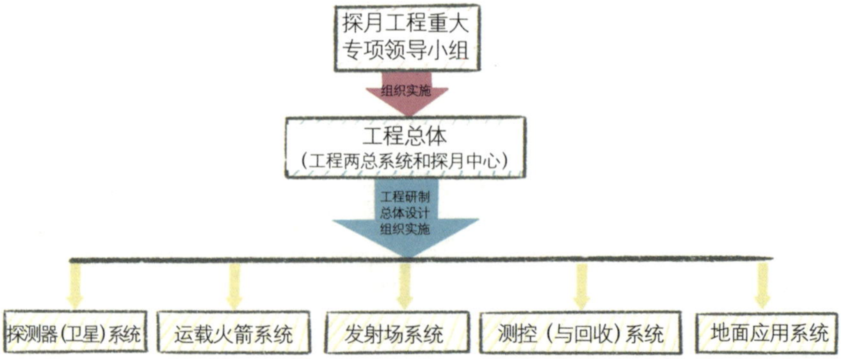

图 1-4 探月工程系统架构图

探测器（卫星）系统负责研制满足各次任务要求的探测器 / 卫星平台和有效载荷（科学探测仪器和技术试验设备），并实现对月球的环绕、着陆、巡视、飞跃等探测任务。

运载火箭系统负责把"嫦娥"姐妹们运送到地月转移轨道，并确保入轨精度满足任务要求。

发射场系统负责承担卫星 / 探测器、火箭在发射场内测试和发射任务。

测控（与回收）系统负责卫星 / 探测器和火箭的测量与控制，确保跟踪完整、测量准确、指令无误。探月工程任务测控由我国已有的近地测控网、新建的深空网和甚长基线干涉测量网共同完成。

地面应用系统负责探测数据 / 样品的接收、处理、管理、应用与研究。

第二章

第一次离开地球

——嫦娥一号的故事

01 树立中国航天第三个里程碑

2007 年 10 月 24 日，嫦娥一号在西昌卫星发射中心由长征三号甲运载火箭成功送上太空，拉开了中国人探索月球的序幕。

嫦娥一号卫星携带多种科学仪器，经过地月转移的长途跋涉，于 2007 年 11 月 5 日到达月球附近并被月球捕获，成为我国第一颗月球卫星。嫦娥一号在轨运行 494 天，获得了大量科学数据，取得了世界首幅 120 米分辨率全月立体影像图，建立了月球表面亮温分布图和月球地质图，实现了对月球整体环境、成分的新认知，圆满完成既定任务目标。1 年寿命期满后，嫦娥一号还开展了降低轨道试验和设备长期考核等多项拓展试验，为后续工程实施积累了更多经验。

2009 年 3 月 1 日，为了获得更多的控制经验，也为了使嫦娥一号“老有所终”，不致因为能量耗尽而成为月球轨道上的“流浪者”，经过探月团队的认真研究，对嫦娥一号实施了受控撞月，最终落点为月球东经 52.36°、南纬 1.50°。

嫦娥一号永远留在了月球上，作为中国首个探月使者，拼尽最后一丝力气，激起生命的最后一抹绚烂，告慰了远在地球守望的亲人，也为首次绕月探测工程画上了圆满的句号。

图 2-1　中国首幅全月图

嫦娥一号卫星首次绕月探测的成功，树立了继人造地球卫星、载人航天飞行取得成功后中国航天的第三个里程碑，使中国成为世界上为数不多的具有深空探测能力的国家。

通过嫦娥一号任务的实施，我国取得了绕月探测卫星总体设计、地月转移和近月制动轨道设计与控制、远距离测控与数据传输等多项月球探测核心技术的突破。根据任务需求，科研人员研制建设了月球环境地面试验装置、可用于深空探测的 18 米地面测控站、远距离测定轨系统，以及当时国内口径最大的 50 米和 40 米地面数据接收天线等基础设施，初步构建了我国月球探测工程体系，为我国实施后续月球与深空探测任务奠定了基础。

02

嫦娥一号卫星

嫦娥一号卫星发射质量为 2350 千克（含推进剂），携带的 6 台科学仪器重量为 140 千克，本体尺寸为 2000 毫米 ×1720 毫米 ×2200 毫米，太阳翼展开后最大跨度为 18.1 米。嫦娥一号卫星继承传统卫星设计理念，按照功能模块划分为结构，热控，制导、导航与控制，推进，供配电，数据管理，定向天线，测控数传和有效载荷 9 个分系统。这些分系统各司其职、协同工作，保证绕月探测任务的顺利完成。

图 2-2　嫦娥一号卫星

结构分系统

用于支撑和固定卫星上的各种仪器、设备，使之构成一个整体。在地面运输、火箭发射和空间运行过程中，结构分系统负责承受和传递各种外力。

热控分系统

在卫星发射和运行期间，控制卫星内部和外部的热交换，使星上仪器、设备的工作温度稳定在要求的范围内。

制导、导航与控制分系统

负责对卫星飞行路线偏差进行修正和控制，对卫星姿态进行测量和控制，对卫星太阳能电池帆板和有效载荷进行指向控制，保证卫星在飞行期间的轨道稳定，并保持一定的飞行姿态。

推进分系统

在星箭分离后，按照制导、导航与控制分系统的指令，开、关各类发动机，实现卫星的轨道机动、轨道修正和姿态调整，包括为卫星轨道机动和轨道修正提供动力，为卫星姿态调整提供力矩。

供配电分系统

由太阳能电池帆板、蓄电池和变压器等组成，为卫星生产、贮存和调节电能，以满足星上仪器、设备在飞行过程中的用电需求。

数据管理分系统

负责将星上的遥测、遥控、数据传输、数据处理等任务，综合在一个以计算机为主的系统中，以实现各项功能的综合管理与调度。

定向天线分系统

卫星入轨后，顺利完成定向天线解锁、展开和到位锁定，在地面测控站和星上制导、导航与控制分系统的控制下，实现对地跟踪，保证信号在射频信道的正常传输。

测控数传分系统

负责提供卫星和地面测控站、数据接收站之间的射频信道，实现指令和数据的传输。

有效载荷分系统

有效载荷分系统是探月卫星的主角，包含所有科学仪器及其综合管理单元，负责对月球进行科学探测或新技术试验。

03

嫦娥一号面临的最大挑战

嫦娥一号是我国首颗绕月卫星。由于对月球环境的认识有限、多项关键技术为首次应用、远距离卫星测控通信能力有待考核等因素，嫦娥一号任务实施面临极大挑战。

任务轨道设计问题

以往我国发射的所有地球卫星，由于距地球近，只需考虑地球引力作用，卫星的轨道设计只需考虑地球与卫星相对运动条件。嫦娥一号由于是从地球出发飞到月球，会经历从以地球引力为主到以月球引力为主的转变，轨道设计就要考虑地球、月球和卫星“三体”运动条件，才能使卫星准确到达月球任务轨道，但目前“三体”问题还没有好的解算方法。

绕月探测卫星的轨道设计采用分段设计的方法，将“三体”问题简化成两个“二体”问题，在地球引力为主时只考虑地球与卫星关系，在月球引力为主时只考虑月球与卫星关系，将分段设计的轨道进行拼接后，得到近似任务轨道，这种轨道设计方法也被称为圆锥截线拼接法。

由于是第一次飞向月球，为了增加任务实施的可靠性，嫦娥一号采用金牌运载火箭长征三号甲发射，先使其成为地球卫星，再由自身在多次绕地球飞行时，在近地点附近加速，使其远地点逐渐增大，最后飞离地球并在近月点被月球捕获，成为环月卫星。

卫星热控问题

卫星热控问题，也就是卫星表面和内部的热量控制问题。卫星在太空飞行时，需要一个适宜的温度，才能保证工作正常进行。卫星在地球轨道飞行时，经历两种温度环境，一个是在太阳光照区，由于太空没有大气，太阳直射并且没有对流和传导散热，卫星温度最高可达 100℃以上；另一个是在地球阴影区，由于没有太阳辐射，温度会低到 -100℃以下。

绕月卫星飞行环境更为恶劣，除了太阳光照和阴影区外，面向月球的一面，还受月球表面热辐射环境的影响。由于月球不像地球，周围没有大气层，致使月球面向太阳的一面，表面温度高达 127℃，而背对太阳的一面，表面温度低至 -190℃。这样巨大的温度差异使卫星面对月球的一面面临的月球热辐射反差极大，给卫星热控带来极大挑战。

为了适应近月空间的热环境，嫦娥一号采用综合热控方式进行温度控制。一是卫星表面穿“保温衣”。面对月球的一面使用一种超级隔热材料，减少月球热辐射；其余各面采用一种特殊的散热材料。“保温衣”在卫星经过太阳光照区时发挥散热作用，在阴影区时发挥保温作用。二是内部采用热管技术，将热量从温度高的设备传导到温度低的设备或卫星表面散热器排向太空，以平衡卫星运行期间各仪器设备之间产生的热量差异。三是个别仪器设备采用扩热板、电加热器、热敏电阻等主动热控装置，在卫星经过太阳光照区或阴影区时，通过主动加温或降温，实现卫星内部和外部的热量交换，保证卫星和仪器设备正常运行。

远距离测控与通信问题

嫦娥一号任务实施以前，我国发射的大部分卫星距离地面都在 4.2 万千米以内，最远的探测卫星距离地球只到 8 万千米左右，地面基础设施仅有针对地球轨道卫星设计和建设的 3 套 S 频段统一测控系统（Unified S-Band，USB），分别是喀什测控站、南宁测控站和远望 3 号航天测量船上的 12 米口径 USB 设备。而月球卫星运行的距离达到 38 万千米以上，是地球同步轨道卫星与地面之间距离的 10 倍以上，这给卫星与地面站之间的测控通信带来了巨大挑战。

嫦娥一号任务实施时，我国的深空网尚未建设，为了实现我国测控能力从 8 万千米至 40 万千米的飞跃，科研人员在已有设备基础上进行技术挖潜和创新设计，将现有 USB 系统进行升级，补充建设 2 个 18 米口径测控天线，确保测控能力满足工程需求；首次将用于天文观测的、具有高精度测角能力的甚长基线干涉测量（VLBI）系统结合起来，共同完成嫦娥一号卫星的高精度测定轨任务。

为了进一步提高测控覆盖率和系统可靠性，我国航天测控网与欧洲空间局开展了测控合作，还使用了智利大学圣地亚哥测控站，形成了“国内测控站（船）+国外测控站”的全球布站方案，使嫦娥一号卫星的测控覆盖率达到了98%以上。此外，专门建设了月球科学数据中心及两个分别为50米和40米口径天线的数据接收站，以便更好地服务嫦娥一号及后续探月任务科学数据的接收和处理。

延伸阅读

甚长基线干涉测量（VLBI）系统

甚长基线干涉测量是一种以多台射电望远镜开展天体观测的方法。VLBI 利用电磁波干涉原理，在多个测站上同步接收同一个射电源发射的无线电信号，进行测站间的时间延迟干涉处理，以测定测站间相对位置以及从测站到射电源的方向。

VLBI 观测的对象主要为宇宙中具有射电波段辐射的自然天体（如类星体、射电星系和脉冲星等），用于天体测量、天体物理学和天体演化学研究。航天技术发展后，VLBI 应用于航天器的导航测轨和定位，以提高短时高精度定轨能力。

我国的 VLBI 系统建设于 20 世纪 90 年代。上海佘山 25 米（1987 年建成）和乌鲁木齐南山 25 米（1993 年建成）射电望远镜各自与国际联网，进行天文观测。嫦娥一号任务实施时，需远距离高精度测定轨，便将 VLBI 用于航天任务中，补充建设上海 VLBI 数据处理中心（2007 年建成），并将用于数据接收的北京密云 50 米（2006 年建成）、云南昆明 40 米（2006 年建成）天线分时段用于 VLBI 系统。至此，我国自主的 VLBI 系统初步建成，并应用于嫦娥一号、二号任务，大大提高了卫星轨道测量精度。在嫦娥三号任务实施时，新建了上海天马 65 米射电望远镜

(2012 年建成)。

随着月球和深空探测任务的实施，多目标测定轨需求被提出。在原来 VLBI 系统组成的基础上，在探月工程四期中，我国增建西藏日喀则 40 米和吉林长白山 40 米射电望远镜（均于2024年建成，2025年始用于天问2号任务）。同时，北京密云 50 米站退出 VLBI 系统，专用于月球和深空任务的数据接收。进一步改造云南昆明 40 米和上海佘山25米射电望远镜，形成由“六站一中心”组成的“双子网”，可对不同任务的 2 个目标同时进行测定轨。

04

嫦娥一号奔月之旅

要想理解嫦娥一号的奔月过程，我们得先来了解一下卫星的轨道。什么是轨道？卫星飞行的路线被称作轨道。在卫星只受地球重力场影响，速度介于 7.91 ~ 11.2 千米 / 秒时，卫星的轨道是围绕地球的一个圆形，或是以地球为一个焦点的椭圆形。卫星的速度决定了椭圆轨道的大小，轨道上与地球距离最近的点被称作近地点，与地球距离最远的点被称作远地点。

我们知道，飞机飞行是在两地之间沿直线飞行，但嫦娥一号却不是从地球某个点沿直线奔向 38 万千米之外的月球某个点，而是经历了几段曲折的历程。

发射轨道

长征三号甲运载火箭先将嫦娥一号卫星送入近地点 200 千米、远地点 5.1 万千米、周期约 16 小时的初始环绕地球的大椭圆轨道，初始速度约为 8 千米 / 秒。

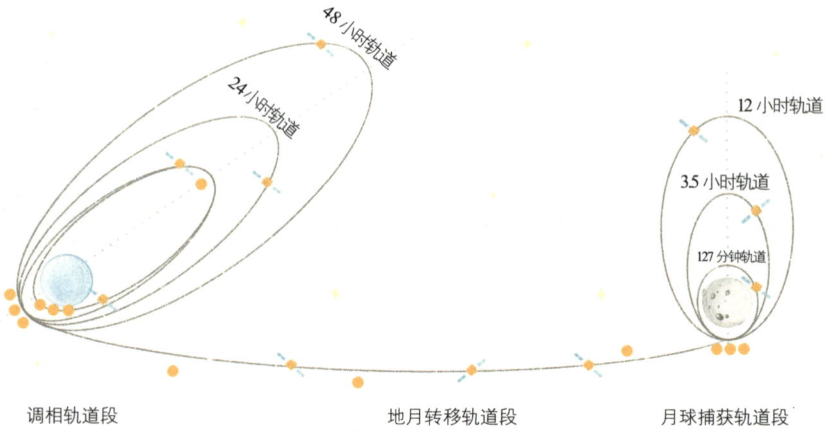

图 2-3　嫦娥一号飞行轨道示意图

地球附近调相轨道

嫦娥一号卫星与运载火箭分离后，在初始大椭圆轨道上运行约1天，在远地点进行第一次轨道机动，将近地点抬高到600千米，再经过1天时间的飞行，到达近地点时，进行第二次轨道机动，将远地点由5.1万千米提高到7.1万千米，轨道周期由16小时变为24小时。

嫦娥一号卫星在24小时轨道上运行一圈，1天后再次到达近地点，进行第三次轨道机动，进入远地点12万千米、周期48小时的椭圆轨道。再经过2天飞行后，嫦娥一号卫星在近地点进行最后一次轨道机动。

地月转移轨道

从地球飞向月球的轨道称为地月转移轨道。嫦娥一号卫星在近地点进行最后一次轨道机动后，进入远地点约38万千米的地月转移轨道，以约 10.9 千米 / 秒的飞行速度奔向月球，在飞行约 114 小时、中途经过 1 次轨道修正后，卫星到达近月点附近。

月球捕获轨道

在 200 千米近月点高度上，要想成为月球的卫星，卫星的飞行速度（相对月球）需在 1.55 ~ 2.22 千米 / 秒之间。当卫星到达近月点附近时，需做一次“刹车”制动，降低卫星飞行速度，如果飞行速度不降下来，卫星将会飞离月球。嫦娥一号卫星经过近月点轨道机动后，飞行速度约为 2.06 千米 / 秒，被月球引力成功捕获，成为绕月卫星。

环月使命轨道

嫦娥一号经月球捕获后，经历 3 次轨道调整，均为在近月点实施减速机动，使轨道从 12 小时周期的椭圆轨道调整到 127 分钟的使命轨道，开始执行月球遥感探测任务。

延伸阅读

调相轨道

调相轨道是一种过渡轨道，通过调整轨道高度来调整相位角，主要作用是节省燃料、方便地面监测和控制。这种方法主要用于月球或深空探测器，通过多次变轨逐步提高近地点速度，最终进入奔向目标的转移轨道。

调相轨道不仅可以在运载火箭发射动能不够时，由卫星自身逐渐加速积蓄动能远行，还可以减小旅途中因为矫正卫星跑偏所需的能量消耗及扩大卫星执行任务的发射窗口。

轨道机动

航天器通过开启发动机进行加速或减速，有目的地按设计主动改变原有轨道的机动飞行的过程即为轨道机动。嫦娥一号卫星在地球调相轨道经过多次轨道机动后，进入地月转移轨道，飞往月球。卫星在接近月球时，通过轨道机动进行减速，达到月球引力捕获速度，最终进入绕月轨道。嫦娥一号在轨运行寿命期内，遇到两次月食，也是通过轨道机动，缩短阴影时间，以保证卫星能源的及时供应。

轨道修正

轨道修正是指在航天器飞行过程中，对由于各种原因导致的轨道偏离进行修正，使航天器更贴近理论轨道飞行，最终到达目的地。嫦娥一号卫星在地月转移轨道段，会出现一定的轨道偏差，需要进行轨道修正。推进分系统将按照制导、导航与控制分系统的指令，通过开、关卫星侧面不同位置的发动机，使卫星沿着设计轨道飞行。

姿态调整

姿态调整就是通过发动机工作，使航天器的姿态轴稳定在某一规定方向或根据工作需要改变姿态轴的方向。嫦娥一号卫星在环绕地球飞行和地月转移飞行过程中，需要将太阳能电池帆板面对太阳、将定向天线对准地球，通过发动机进行姿态调整。嫦娥一号卫星进入绕月轨道后，需要将科学探测仪器对准月球表面；为了保证能源供应，太阳能电池帆板需要面对太阳；为了将探测数据和自身工作状态等信息发回地球，还要将定向天线对准地球。

因此，卫星在轨运行期间，需要同时保持对日、地、月的三体定向姿态，这就要求卫星用自身携带的发动机，根据三体定向需要进行姿态调整。

05

嫦娥一号的月食之战

地面上的仪器设备工作需要电能，卫星上的各种仪器设备也需要通过供电才能正常工作。远离地球的嫦娥一号卫星，设计在轨运行寿命为 1 年，与大多数地球卫星一样，采用太阳能电池帆板加蓄电池组的方式，组成联合电源，为其供电。

当嫦娥一号飞到阳照区时，太阳帆板上的电池片受太阳光照射，产生电能，为星上设备供电；当供电功率大于设备所需功率时，同时向蓄电池组充电。当嫦娥一号飞到阴影区时，电池片无法继续产生电能，改由蓄电池组向星上设备供电。星上蓄电池组就像我们日常生活中使用的手机充电器一样，可以多次充电、放电，最多可达数万次。蓄电池组的供电时间与电池容量和卫星的功耗有关。嫦娥一号蓄电池组在满功率的情况下，供电时间约为 45 分钟。

嫦娥一号卫星在执行任务期间，有时处于阳照区，有时处于地球阴影区，此外，在 1 年寿命期内，将会经历 2 次月食。

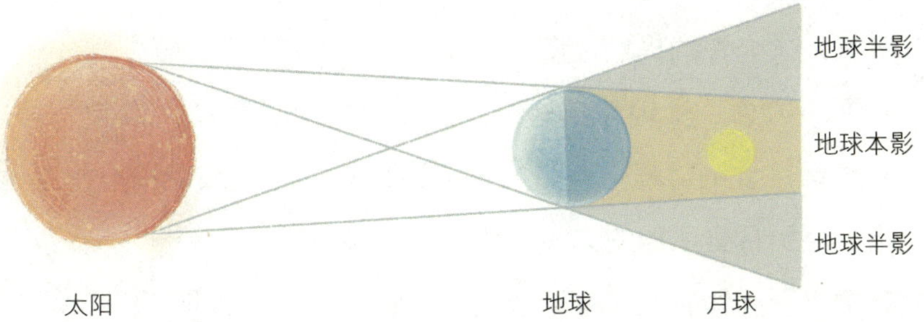

图 2-4　月食示意图

月食对嫦娥一号卫星的安全稳定运行带来严峻考验。

能源供应问题

嫦娥一号在平时可以将太阳能转换为电能，为卫星上的设备供电。当月食发生时，照向月球的太阳光被地球挡住。月球阴影区有一个显著特点，就是半影区较大。在半影区，光照强度是逐渐变化的，当光照强度较大时，电池片仍能供电。当嫦娥一号进入以本影中心为原点、半径 5600 千米的区域时，电池片无法供电，只能由蓄电池组单独供电，此区域为“有效阴影区”。月食全过程最长在 5 小时以上，有效阴影区约持续 3 小时，大大超过嫦娥一号蓄电池组 45 分钟的供电时间。

卫星极低温环境下自主运行问题

一方面，卫星在月食阶段的长时间阴影中，将直接面对太空 -270℃的低温环境，也无法获得太阳红外辐射和月球红外辐射的加热。卫星经历月食后，星上设备的温度将大幅度降低，某些外露设备的温度甚至会降低到 -190℃，很多设备的最终降温结果将超出其工作允许的最低温度。

另一方面，受地球自转、月食发生时刻的影响，嫦娥一号卫星在经历月食的过程中，国内测控站也不能全程跟踪和控制卫星。卫星为经历月食所做的许多工作状态调整，只能靠其自主完成，即使自主执行动作有误，也无法获得地面的干预。因此，在环境温度较低的条件下，需要无差错地执行每一项指令、稳定工作，这对卫星是一个严峻考验。

为了确保嫦娥一号安全度过月食，科学家们经过大量详细计算和仿真验证，最终提出了月食综合应对策略。

轨道和姿态调整策略

月食虽然不可避免，但卫星经历的月食时间可以通过主动作为大大缩短。轨道专家们经过精心分析设计，最终采用月食调相的方法来解决这一难题。即在月食前 10 ~ 20 天，调整卫星轨道高度和卫星相位，使卫星经历月食时间大大缩短（2008 年 1 月 27 日实施轨道调整，将嫦娥一号 2 月 21 日经历的阴影时间从原来的 4 小时缩短至 2 小时左右），确保卫星安全出阴影。同时，在嫦娥一号进入有效阴影区之前，地面测控人员通过调整卫星飞行姿态，最大限度地提高嫦娥一号的光照时间和光照强度，以便更多地储存电能。

温度控制策略

嫦娥一号卫星采取主动温控措施，以适应测控、有效载荷等工作设备对热控制的要求及能源限制，最终形成了高适应能力的智能主动控温系统。为了提高热控系统环境适应性和在轨管理的能力，嫦娥一号卫星主动控温系统充分发挥数管计算机数据处理能力，利用软件驱动加热控制器实现对加热回路的控制，以适应卫星在正常飞行、变轨阶段以及月食阶段星上能源供给的限制。

低功耗工作策略

地面运控人员对卫星经历月食的工作模式进行了优化，制定了最低能源消耗策略。在月食有效阴影区，将大部分仪器设备关机，将必须开机的仪器设备调整为最小耗电模式，千方百计节省电能，以确保月食期间卫星的基本生存条件并安全出阴影区。

问问科学家

本影区、半影区

本影区是指地球挡住太阳光直射的部分区域。也就是从月球上看，完全被地球遮挡住太阳光的地方。月球进入本影区时，会发生全食现象。

半影区则是指部分太阳光受到地球遮挡，但仍能照射到月球的区域，处于这个区域内的月球接收到的是部分减弱的阳光。月球进入半影区时，会发生偏食现象。

延伸阅读

近地轨道卫星食

卫星食也叫卫星蚀，是指人造卫星被其围绕着的天体挡住，得不到阳光照射的现象。

卫星食出现的规律与发射时间有关。选择适当的发射时间可以避免卫星食的出现，或者避免卫星在地影内的时间过长。不进入地影的轨道称为全日照轨道。静止卫星（地球同步轨道卫星）每年进出地影的日子大致相同，都在春分和秋分前后22天里，每天发生在它所处经度地方的午夜前后。在春分日和秋分日，卫星在地影内的时间最长，为72分钟。

卫星食主要影响依靠太阳能发电的人造卫星。低轨道、短周期的人造卫星在运行期间经常会出现卫星食，但通常不多于1小时，卫星上的蓄电池一般能够应付。但高轨道、长周期的卫星，一旦出现卫星食，可能达到数小时。在行星际飞行中，航天器有时会进入其他天体的阴影，情况与卫星食类似。卫星食是卫星设计中需要考虑的因素，它与有些卫星的能源系统关系密切，有可能需要关闭卫星上部分设备从而减少耗电。而卫星食造成的急速降温，也是设计卫星时必须考虑在内的。

06 嫦娥一号如何找“北”

我们从一个地方到另一个地方，除了瞄准目的地规划好路线，还需要用自己的感官系统时刻确认自己走的方向一直是沿着规划路线向目的地前进的方向。如果我们选择开车，除了踩油门让车行驶起来外，还需要用到辅助导航系统并控制方向盘，来确认我们行驶的路线一直是朝着目的地而去。嫦娥一号卫星是如何向月球飞去的呢？

嫦娥一号卫星在飞行过程中，为了保证能源供应，需要将自己的太阳能电池帆板面对太阳；在科学探测时，需要将科学仪器对准月球；在数据传输时，需要将天线对准地球。因此，嫦娥一号卫星在太空飞行时必须选定一些天体作为参照物，来确定自己在空间的对准方向。这就涉及卫星的一个分系统——制导、导航与控制分系统（GNC 系统）。

嫦娥一号卫星 GNC 系统由星载计算机、太阳敏感器、星敏感器、陀螺、紫外月球敏感器、动量轮、推力器等设备组成。

如果把卫星比作一个人的话，太阳敏感器、星敏感器、紫外月球敏感器这些光学敏感器就像人的眼睛。人眼既可以看见太阳，也可以看见月亮和星星，而卫星的太阳敏感器只能用来看太阳，用于使太阳能电池帆板对日定向；星敏感器的作用是以某颗亮度较高的恒星为基准，来确定卫星飞行方向和姿态；而紫外月球敏感器则是专门用来看月亮的，通过探测月球的紫外辐射捕获月球方位，实现探测仪器对月定向。三种敏感器综合使用，才能使卫星在不同阶段找到自己的运行方向。

星载计算机就像人的大脑，而计算机中的控制算法就是人的思维。根据敏感器的测量信息，星载计算机会向执行机构发出指令，指挥着卫星做出各种动作。星载计算机经过一系列复杂的运算后，控制发动机精确点火与关机，实现卫星加速或减速的目的。轨道控制结束后，卫星自主转入太阳定向，直至下次变轨前再次转入恒星定向。

陀螺就像人体的平衡器官，可用来感知卫星旋转的角速度。动量轮、推力器和发动机就像人的肢体，具体完成前进方向、速度、身体朝向调整等控制动作。卫星通过自身推力器喷出的高速气体，来控制旋转速度，从而实现方向调整，确保卫星发动机指向轨道控制所需的方向。

方向调整过程中，推力器喷气量的多少，是通过控制喷气时间长短来实现的，而推力器喷气时间长短由GNC系统的具体指令给出。当卫星方向基本调整到位后，卫星再次转入恒星定向。卫星通过星敏感器和陀螺获得方向及旋转角速度的准确信息，并对方向调整结束后残留的小方向偏差进行修正，以保持更为精准的目标方向，同时保持稳定。

嫦娥一号卫星在奔月飞行过程中，基本保持对日定向的飞行姿态。在进入对日定向模式时，卫星会用太阳敏感器寻找太阳的方向，使六个面中的一个面始终面向太阳。这样，太阳能电池帆板就可以接收到充足的日照，将太阳能转换为电能，供星上仪器设备使用。

在进行轨道修正时，卫星要从对日定向转入恒星定向，就是通过星敏感器来确定自身在太空中的方位，相对恒星保持相对固定的方向。实现恒星定向后，卫星就可以按照 GNC 系统的指令，通过开、关发动机，实现卫星方向的调整。

在进入绕月轨道后，卫星先从对日定向转入恒星定向，然后进行方向调整，实现对月定向，保证安装科学探测仪器的一面始终朝向月球，以便对月球进行科学探测。

当然，嫦娥一号卫星能顺利从地球到月球并在轨稳定运行，还需要地面测控系统的支持，需要地面测控站及时获取嫦娥探测器相对于地球的速度、距离和角度位置信息，确定其飞行轨道，并通过遥控使它能够知道自己该往哪里飞。

延伸阅读

紫外月球敏感器

紫外月球敏感器是针对首次绕月探测任务需求，我国自主研发的一种用于对月球定向的新型设备。

地球由于有大气，向外太空有强且稳定、不随天气变化而变化的红外辐射，因此，地球卫星通常利用红外敏感器对地面进行定姿、定轨。

月球没有大气，也就没有稳定的红外辐射，但有紫外辐射。随着阳光照射角及观察方向的不同，月球会呈现圆缺不同的月相，在近月空间可探测的月球紫外辐射区随着月相的不同而不同。

紫外月球敏感器是一种成像式光学敏感器。其原理是：在获取月球的影像之后，通过图像处理技术，提取月球圆盘边缘信息；再利用在明亮月球圆盘和黑暗太空背景之间的亮度反差，检测出月球圆盘的真实边缘，并与晨昏分界线相区分；逐一为各边缘点建立对应空间矢量；根据这些空间矢量集合，拟合出月心矢量在敏感器测量坐标系中的坐标，进而求解出卫星的俯仰角和滚动角，确定卫星姿态。

07

嫦娥一号的工作日常

嫦娥一号进入绕月工作轨道后，除进行姿态调整外，还要进行为期近 1 个月的在轨测试，相继对星上设备及有效载荷进行“体检”，逐一确认各设备及载荷状态是否正常，并确定其最佳工作状态。由地面运管团队进行状态确认后，卫星将转入长期管理阶段。科学家会按照载荷的功能、工作模式和探测需求，制订科学探测计划，让载荷有序工作。卫星获得有效科学数据后，将数据传给地面数据接收站，数据接收站将数据存储并传输至数据中心。数据经解译和处理后，形成数据产品，根据申请分发给不同的科学家进行科学研究。

科学探测信息经过探测器处理转化，可以变成适合向地面传输的数字化信息。由星上 S 频段高增益定向（始终指向并跟踪地球）天线传输给地面站，最高传输码速率为 3 兆字节 / 秒。

嫦娥一号的数据接收，用的是新建的北京密云 50 米天线和云南昆明 40 米天线的数据接收地面站。接收数据，需嫦娥一号卫星进入地面天线所能接收的“视线”范围。地面天线根据轨道预报，提前对卫星进行跟踪对准。地面站接收数据后，进行同步、解扰码和译码后，生成原始数据。原始数据经过信号和基带数据处理、信道处理、辐射校正、几何校正和光度校正，生成二级数据产品，用于图像镶嵌和制图。原始数据还需要进行排序、优选和拼接，通过解包后得到探测仪器获得的有效科学数据，用于进一步的数据预处理。

延伸阅读

嫦娥一号有效载荷有哪些?

嫦娥一号共配置了 8 种有效载荷。

获取月球表面三维立体影像的有效载荷

CCD 立体相机：获取月球表面同一地区的三条相互重叠影像带（前视影像、中视影像和后视影像），重建月表立体影像。嫦娥一号获得了世界首幅 120 米分辨率全月立体影像图。

激光高度计：发射激光束到月球表面，并接收月表后向散射的激光信号，通过测量激光往返延迟时间，计算卫星到月表的距离，换算月表高程。

分析月表元素含量和物质类型的分布特点的有效载荷

干涉成像光谱仪：获取月表可见光 / 近红外的高光谱图像，分析得出月表主要物质类型和分布信息。

伽马（γ）射线谱仪：通过测量月表物质发射的 γ 射线，获得月表元素含量与分布特征。主要探测月表的铀、钍、钾、铁、钛、氧、镁、硅、铝等元素。

X 射线谱仪：探测月表元素受宇宙射线激发产生的荧光 X 射线能谱，获得月球表面主要元素的含量和分布。主要探测镁、铝、硅、钙等元素。

探测月壤特性的有效载荷

微波探测仪：利用不同波段探测器，探测不同深度月表物质辐射的微波的强度（称为亮度温度），分析得出月壤厚度，并对月球的氦-3资源量和分布进行评估。嫦娥一号科学研究最终结果表明，月球上月壤厚度分布多数在4～6米，5米以上的厚度区域占全月的43%以上。氦-3的存储量约为65万吨。

探测地月空间环境的有效载荷

高能粒子探测器：测量月球空间的重离子和质子的能量和通量，研究近月空间环境的变化规律。

太阳风离子探测器：探测近月空间太阳风中的低能离子的成分及空间分布，分析平静和高速太阳风等离子体的特征量。

第三章

第一次深空远行
——嫦娥二号的故事

01

“一探三”，嫦娥二号别具匠心

嫦娥二号卫星于 2010 年 10 月 1 日在西昌卫星发射中心，采用长征三号丙运载火箭发射，成功进入地月转移轨道，经轨道修正、月球捕获、轨道调整，成为中国第二颗绕月探测卫星。

嫦娥二号在绕月轨道停留半年，开展了全月高精度成像，获得了当时国际最高的 7 米分辨率的全月图，取得了嫦娥三号预选着陆区——虹湾地区 1.5 米高清图像。像嫦娥一号一样，嫦娥二号进一步开展了月表元素、月壤特性和空间环境的探测，国际首次发现了月表微磁层的存在，获得了更精准的元素月面分布图，国际首次观测到了月表铬元素的存在；验证了月球南极和北极存在太阳风加减速现象。

2011 年 4 月 1 日，嫦娥二号绕月探测的既定目标已实现。工程两总系统在卫星状态评估和后续实施方案充分论证的基础上，决定开展嫦娥二号拓展任务。

2011 年 6 月 9 日，嫦娥二号飞离月球，前往距地球 150 万千米的日地拉格朗日 L2 点，开启了中国深空探测的新征程。

2011 年 8 月 25 日，嫦娥二号进入 L2 点环绕轨道，开展科学探测活动，获得了地球远磁尾三维离子能谱、太阳耀斑爆发和宇宙伽马射线暴的科学数据。

2012年6月1日，嫦娥二号机动变轨，进入飞往国际编号4179号的图塔蒂斯小行星的转移轨道，并于12月13～15日，在距地球约700万千米处，抵近交会小行星，拍摄了小行星高清影像图。

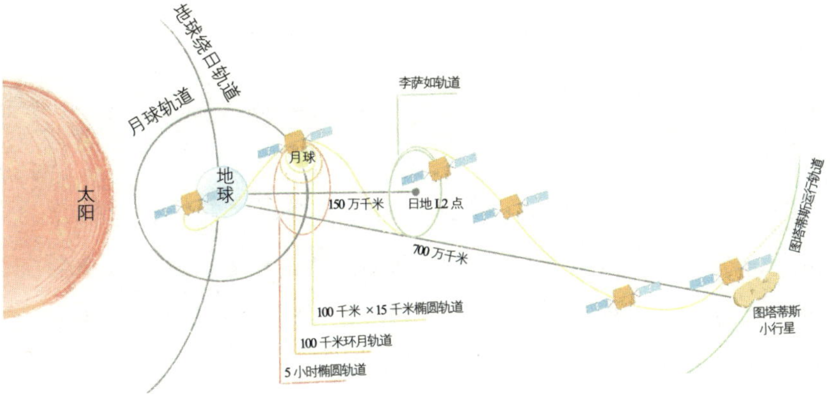

图3-1　嫦娥二号飞行任务轨道示意图

之后，嫦娥二号逐渐远去，不断突破最远的测控距离，2013年1月5日，嫦娥二号突破距地1000万千米。

嫦娥二号拓展任务使嫦娥二号获得了前所未有的丰功伟绩，但过多的“体能”消耗也使它筋疲力尽，最终嫦娥二号进入了绕太阳飞行的轨道，成为在太阳系自由闯荡、自生自灭的人造小行星。

嫦娥二号经过任务优化设计，发挥出了卫星的所有潜质，对月球、日地拉格朗日L2点和图塔蒂斯小行星3个目标进行了探测（“一探三”），成为国际首次从月球轨道出发到达日地拉格朗日L2点开展探测、国际首次获得图塔蒂斯小行星近距离光学图像、我国第一个远征深空的探测器。

02

嫦娥二号与嫦娥一号的不同

嫦娥二号作为探月二期工程的先导星，主要任务目标是为嫦娥三号实现月面软着陆任务，验证部分关键技术，并对预选着陆区进行高分辨率成像，同时继续开展月表元素、月壤特性和地月空间环境等科学探测。

图 3-2　嫦娥二号卫星

嫦娥二号卫星原本是嫦娥一号的备份，与嫦娥一号相比，外形相似，内容却大不相同。嫦娥二号根据新的任务目标需求，在原平台基础上进行了多项改进与调整。

卫星重量不同

嫦娥一号卫星重 2350 千克，嫦娥二号卫星重 2480 千克。相比嫦娥一号增加 130 千克，增加的大部分重量来自推进剂。

轨道设计不同

奔月轨道：嫦娥二号由长征三号丙运载火箭提供约 10.6 千米/秒的速度，直接发射至近地点高度 200 千米、远地点高度 38 万千米的地月转移轨道，标志着我国成功突破了地月转移轨道发射技术，也使嫦娥二号的地月飞行时间大大缩短，由嫦娥一号的约 13 天减少至 5 天左右。

环月轨道：嫦娥二号开展月球全球成像时，环月轨道高度由嫦娥一号的 200 千米变为 100 千米；在对嫦娥三号预选着陆区成像时，把轨道高度降低至 100 千米 ×15 千米。

增加新技术验证

搭载轻小型化 X 频段深空应答机，配合我国新建的 X 频段地面测控站，试验 X 频段测控技术，使得我国深空测控通信能力将扩展到“地球—火星”间的距离。

嫦娥二号卫星搭载了 4 台新技术相机，包括 1 台降落相机和 3

台监视相机，用于对月表进行地形地貌探测，对主发动机点火、定向天线展开、太阳翼展开和转动等环节进行在轨实时监测，验证了包括高度系统集成、自动曝光、高倍率压缩、空间环境适应性成像等相机新技术，为后续工程实施积累了经验。

试验了低月球轨道控制技术。开展了月面 100 千米近月制动的月球轨道捕获技术、100 千米 ×15 千米轨道机动与飞行技术验证，为嫦娥三号任务轨道飞行和降轨控制积累经验。

搭载了遥测信道低密度奇偶校验码（LDPC）编码器等设备。LDPC 信道编码技术首次应用于航天领域，以纠错能力强、编码增益高的特点，进一步提高了卫星与地面站之间的信道余量，进而大幅提高卫星测控的可靠性，并为拓展更远距离通信提供保障。

试验月地高速数据传输技术。嫦娥二号日常数据传输码速率从嫦娥一号的 3 兆比特（位）/ 秒增加到 6 兆比特（位）/ 秒，并试验了 12 兆比特（位）/ 秒，为高分辨率相机等载荷的大数据量高速传输奠定了基础。

有效载荷调整和指标优化

取消了原三线阵立体相机和成像光谱仪。

新增了 TDI-CCD 相机，旨在获取更高分辨率的月球表面三维影像，分辨率由嫦娥一号卫星的 120 米提高到优于 10 米，在近月点 15 千米处甚至达到 1 米。

γ 射线谱仪的探测器晶体由原来的碘化铯改为新的材料——溴化镧，探测灵敏度提高 1 倍多。

X 射线谱仪谱段由原来的 10 ～ 60 千电子伏特，缩小为

25 ~ 60 千电子伏特，可获得更高空间分辨率的元素分布。

相关分系统技术改进

如 GNC 分系统，通过紫外敏感器的软、硬件修改，实现了近月与环月的辅助导航；GNC 软件升级，实现了更加灵活的轨道控制，实现了载荷与敏感器互用；紫外敏感器增加了拍图与传图功能，能够拍摄月球 130 米分辨率的紫外图像，并能覆盖月表 80% 以上的区域。

其他分系统也有相应改进，如推进系统长寿命设计等，以便使嫦娥二号卫星性能更加优化，在轨运行更加稳定可靠，圆满实现既定任务目标。

03

“一探三”面临的挑战

嫦娥二号在设计之初，确定的任务目标主要是在月球轨道开展高精度成像、技术试验和科学探测，然而在完成既定的月球探测任务后，卫星状态良好，且推进剂剩余量可深度利用。为了发挥嫦娥二号的更大作用，挖掘卫星潜力，且考虑当时正在建设的地面深空测控站能力验证，恰好星上所搭载的 X 频段应答机需要更远距离测试，经科研和飞控团队联合深入论证，制定出了拓展任务目标，即飞向更远的深空。

然而，目标的实现并不是一蹴而就的，从月球出发去深空，这是国际首次，而我国深空探测还未起步，只有嫦娥一号、二号积累起来的一点月球探测的经验。对于拓展任务，卫星状态已确定，面临的最大风险就是轨道设计和远距离测控。而已过了设计寿命期的卫星必然会给任务实施带来一定的约束，增加任务实施难度。

卫星燃料约束

嫦娥二号在完成月球轨道预定任务后，剩余燃料有限，要开展更远的深空探测，需要精打细算。首先要去的就是日地拉格朗日L2点，嫦娥二号在完成为期半年的预定探测任务后，科学家希望挖掘它的潜力，让卫星进一步开展拓展试验任务，拟对小行星进行飞越探测。然而，卫星已在太空运行18个月，远超半年的设计寿命，燃料已经所剩无几，再出发去探小行星，推进系统能够提供的转移速度增量极为严苛，轨道转移能力极弱，更需要量力而行。

测控通信约束

当时，嫦娥二号一直使用新疆喀什和山东青岛2个口径18米的测控天线进行跟踪。2个测控天线只用来满足月球探测任务需求，跟踪范围和数据传输等能力有限，测控范围预计最远到达350万千米，可以满足150万千米的日地拉格朗日L2点探测需求，但无法满足小行星探测需要。当时，新疆喀什35米和黑龙江佳木斯66米口径两个大型深空测控站，以及上海65米甚长基线射电干涉测量站正在建设中，最早将在2012年10月建成，为保证700万千米处小行星探测任务的可靠性，任务实施需在此时间之后。

轨道设计影响因素

嫦娥二号将要探测的区域为日地拉格朗日L2点，在此区域附近，探测器受到太阳和地球的引力作用达到平衡，两大天体的影响要同时考虑，此外，探测器出发时还受到月球引力的主要影响。因此，在整个转移过程中，探测器受到日、地、月多个天体的共同作用，属于多天体动力学问题，相比传统的二体力学和地月系统的三体力学，卫星转移过程中所受引力会出现强非线性，对轨道的位置、速度和施加机动力的大小很敏感，微小的扰动会对卫星运动产生较大的影响，而且轨道设计没有解析解，传统的轨道设计方法难以获得转移轨道，或所需的速度增量超过嫦娥二号卫星当时的自身能力。

面对重重困难，项目团队迎难而上，采用多体系统轨道设计方法，最终解决了难题。

04

与“战神”会面经历的几重考验

2012 年 6 月，嫦娥二号完成日地拉格朗日 L2 点拓展任务后，再次承担新的使命——小行星探测。这项新任务又给它带来了一系列挑战，除了克服上面提到的卫星燃料、测控通信及轨道设计约束外，还面临着小行星目标选择、小行星定轨、卫星轨道控制以及小行星成像的考验。

精心选择目标小行星

成功实施小行星探测任务，第一件紧要的事情就是确定可行的探测目标。

首先，目标距离要求。按照测控与通信约束条件，依据当时新建深空测控网的测控距离估算，考虑数据传输速率要求，确定目标小行星与地球的最近距离要小于 1500 万千米。据此，从 60 多万颗已知的小行星中，通过轨道计算，寻找 2012 年 10 月左右符合这一距离条件的目标小行星，筛选出 51 颗潜在目标小行星。

其次，目标大小要求。为了拍摄高质量的小行星图像，确定目标小行星的直径要大于1千米，且具有很好的反射阳光的能力，由此筛选出3颗有国际编号的备选目标小行星。

最后，速度增量要求。嫦娥二号与目标小行星交会并实现飞越探测，要靠发动机消耗燃料提供速度增量。当时卫星所剩燃料仅够提供120米/秒的速度增量，按照3个备选目标进行需求计算，最终确定国际编号4179号的图塔蒂斯（凯尔特人神话中的战神）小行星作为探测目标。

图塔蒂斯小行星，2012年12月13日与地球相距700万千米，长4.75千米、宽1.95千米，反照率0.13，满足各项约束条件。

精确测定小行星轨道

要对目标小行星进行探测，需要进行精密的轨道设计，这就需要知道探测目标的精确轨道。而面对已经确定的图塔蒂斯小行星，除了在任务实施前小行星数据库中粗略的轨道数据外，我们没有这颗小行星的任何数据积累，需要重新对其测定轨。而由于小行星的体积小、亮度暗，地面站有效观测目标小行星的轨道弧段短，如何测定轨是一个难点。

首先，密集观测，收集小行星轨道数据。2012年5月至11月，国家天文台、南京紫金山天文台和国内各观测站对图塔蒂斯小行星开展了大量的光学观测，结合国外（美国夏威夷和智利望远镜）的光学观测和以往雷达观测资料，获得了丰富的轨道数据。

其次，精确建模，精密定轨。在收集到的轨道数据基础上，考虑太阳、行星和较大的小行星等天体的引力摄动因素，构建科学合理的小行星轨道的动力学模型，对小行星运行轨道进行预测。

通过上述策略，顺利完成了图塔蒂斯小行星定轨，定轨精度优于 5 千米。

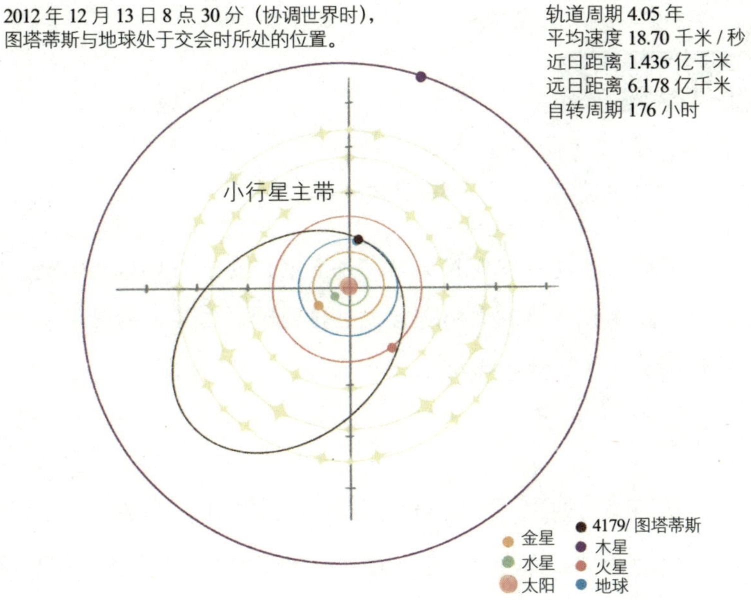

图 3-3　图塔蒂斯小行星轨道示意图

高精度卫星轨道控制

从卫星方面讲，嫦娥二号为验证深空任务星地大时延条件下的自主技术，控制系统增加了自主惯性对准功能，完善了卫星控制的角动量管理，提高了轨道控制自主性，改善了轨道稳定性。

从地面测控系统方面讲，嫦娥二号在飞离日地拉格朗日 L2 点时，地面 35 米和 66 米口径天线的测控站以及测定轨分系统的 65 米口径天线观测站正在建设中，研制队伍采取边调试边测试的方式，在卫星到达小行星前，完成跟踪接替。利用新建的测控及测定轨设备，地面测控系统对嫦娥二号卫星轨道测控精度大大提高，最终位置精度优于 10 千米，速度精度优于 0.1 米 / 秒，为嫦娥二号近距飞越小行星作出了重大贡献。

问问科学家

星地大时延

星地大时延指深空探测器（或卫星）由于与地球距离远，在与地球测控通信站之间进行数据传输时，信号传输时间长，引起信号接收时间延迟大。

从控制策略方面，采用逼近飞越探测方式，在嫦娥二号卫星飞向小行星过程中，根据转移轨道与小行星的相对距离，采取多段机动对卫星轨道进行修正，使其与小行星逐渐并尽可能接近。

巧妙设计成像方案

嫦娥二号到达图塔蒂斯小行星时，将以约 11 千米 / 秒的速度与其擦肩而过，如何在这么短的时间获得小行星高质量的图像，是一个难题。

首先是相机选择。嫦娥二号携带了为月球拍照的 TDI-CCD 相机，还有一台小型的 CMOS 监视相机（用于嫦娥二号太阳能电池帆板展开和工作状态监视）。根据工作原理，TDI-CCD 相机为扫描式拼接成像，成像过程复杂、耗时长。CMOS 监视相机成像简单，一次成像速度快。考虑到卫星与小行星交会的速度和距离，最终选择用 CMOS 监视相机快速多张成像。

其次是成像策略。综合考虑卫星姿态、光照条件以及卫星与小行星的相对位置，采用回眸的方式进行拍照，称为渐远点凝视成像。卫星和小行星相遇时，小行星在相机视场外，随着相对距离逐渐增大，从视场的边缘进入相机视场，此时虽然小行星离卫星越来越远，但它始终在相机的视场之内，使得相机可以连续拍摄。采用这种成像策略，两者之间的距离远近仅影响图像大小，不影响影像的质量，而且成像的光照条件变化小，可以在稳定的光照条件下获取图像。

图 3-4　嫦娥二号拍摄的图塔蒂斯小行星图片

通过小行星目标选择、精确定轨、精准的轨道设计及控制以及精妙的成像策略，使嫦娥二号实现了以千米级的距离飞越图塔蒂斯小行星，并获取了高分辨率的光学图像，在世界上首次揭开“战神”小行星的神秘面纱，任务取得了圆满成功，为嫦娥二号的任务生涯画上了完美的句号。

05 去日地拉格朗日 L2 点和小行星的意义

嫦娥二号在完成月球探测既定任务后，又相继飞赴日地拉格朗日 L2 点和图塔蒂斯小行星开展了探测，去这两个目标有何意义呢？

探测日地拉格朗日 L2 点

要了解日地拉格朗日 L2 点探测的意义，就需要了解它的特点。

日地拉格朗日 L2 点是日地系统中限制性三体问题的其中一个特解点，位于日地连线的地球外侧，是探测器、天体望远镜定位和观测太阳系的理想位置，在工程和科学上具有重要的实际应用和科学探索价值，是国际深空探测的热点。日地拉格朗日 L2 点通常用于放置空间天文台，探测器可以保持背向太阳和地球的方位，易于保护和校准。

日地拉格朗日 L2 点，存在以下科学探测优势。一方面，可以利用共线拉格朗日点的不稳定性质，设计基于不变流形的转移轨道，使飞行器通过弱借力向目标轨道转移，节省燃料。另一方面，将飞行器保持在该点邻域内的周期或拟周期轨道上，可以避免直线观测中的“蚀”现象。

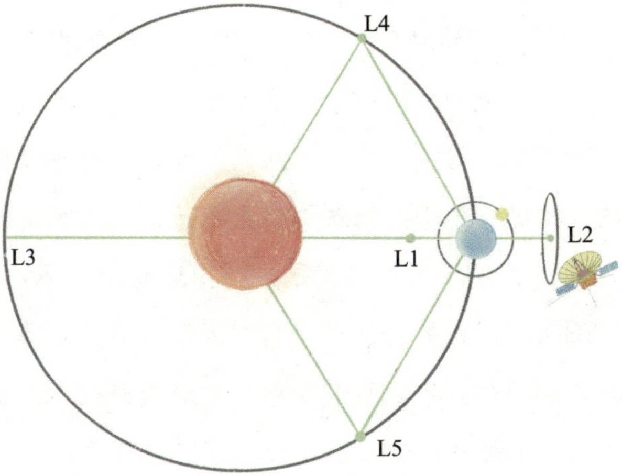

图 3-5　日地拉格朗日点示意图

对于日地拉格朗日 L2 点的利用，第一颗探测器是美国 2001 年发射的威尔金森微波各向异性探测器，开展了对绝对零度附近的 CMB 温度（约 2.7 开尔文）涨落的精准绝对测量。2021 年，美国发射了詹姆斯 · 韦伯太空望远镜，探索来自宇宙起源阶段的红外辐射，研究星系演化及大质量黑洞形成过程，提升人类对宇宙的认知。

美、欧等国还曾提出过多项日地拉格朗日 L2 点利用计划，如类地行星发现者计划，拟建立一个太空望远镜系统，以搜寻太阳系外行星中的类地行星；达尔文计划，对地球附近的恒星及其周围类地行星进行探测并分析这些星球上是否有生命迹象；星座 X 计划，用于研究黑洞、星系形成过程等，但未予实施。

探测小行星

嫦娥二号对图塔蒂斯小行星开展了探测，成为人类小行星探测的一颗“新星”。那么，人们为什么关注小行星呢？

首先，科学研究价值。小行星形成和演化的理论认为，在46亿年前，宇宙中的太阳系形成之初，大量的气体和尘埃在巨大引力的作用下不断聚集，形成了太阳和八大行星，而那些没有形成行星的残留物质，构成了千千万万颗围绕太阳运行的小行星。

人类之所以关注小行星，一是小行星堪称太阳系“化石”，保留了早期太阳系形成时的信息，从它们那里有可能获得太阳系起源的重要线索，让小行星告诉我们太阳系的形成过程。二是小行星有可能帮助人类了解生命的起源。迄今的研究结果表明，有些小行星含有可形成有机物的碳元素，有些可能有含水的黏土状物质；近年还发现有的小行星中含不同种类的氨基酸，而氨基酸是蛋白质的组成部分。

其次，对人类的影响。在小行星家族中，有一类小行星备受人类关注，这就是近地小行星。近地小行星对人类安全形成潜在威胁。历史上，发生过很多小行星入侵造成的灾难性事件。其中，离我们最近的一次是2013年，俄罗斯车里雅宾斯克遭受火球袭击，造成1500人受伤、3000栋房屋受损。小行星撞击被列为威胁人类生存的二十大灾难之首。

嫦娥二号探测的图塔蒂斯小行星，也是一颗近地小行星，与地球的最近一次飞行距离仅155万千米，因而长期被看作对地球构成潜在威胁的一颗小行星。尽管预计未来500年图塔蒂斯小行星不会再以这样近的距离靠近地球，但它仍备受国际社会的关注。

综上，嫦娥二号开展日地拉格朗日 L2 点和图塔蒂斯小行星探测，不仅利用卫星携带的科学仪器获得了两个目标的科学探测成果，还验证了相应的轨道设计及控制技术，为未来我国日地拉格朗日 L2 点的利用任务及小行星防御任务的设计和实施提供了宝贵经验。

三体问题

三体问题是天体力学中的基本力学模型。它是指 3 个质量、初始位置和初始速度都任意的可视为质点的天体，在彼此之间万有引力的作用下的运动规律问题。由于多种不确定性，3 个天体的运动轨迹存在着无数种可能，因此，三体问题永远没有确定的解。

在现实状态下，任何一种天体运动都会受到多种因素影响。为了简化三体模型，把 3 个天体看作 3 个质点，并且认为其中的一个质点质量非常小，对其他两个质点的万有引力可忽略。这样，三体问题简化为限制性三体问题。

拉格朗日点

拉格朗日点，又称平动点，是天体力学领域限制性三体问题（如太阳—地球—卫星或者太阳—木星—卫星）的 5 个特解：3 个直线解和 2 个等边三角形解，只有 2 个等边三角形解是稳定解（图 3-5），在这 5 个点上的物体所受的引力和离心力基本平衡。这些点的存在由瑞士数学家欧拉于 1767 年推算出 3 个，法国数学家拉格朗日于 1772 年推导证明了 2 个。在每两个围绕一个质心做圆周运动的天体之间，按推论均有 5 个拉格朗日点。

处于这 5 个拉格朗日点的物体，相对于太阳及大行星的位置是不变的。利用这些点设计卫星轨道，卫星能够以较低的能耗维持在轨道上的位置，对于延长卫星的寿命、降低运行成本具有重要意义。此外，围绕这些点的特殊引力通道可以帮助航天器更高效地穿越行星间的空间，减少能源消耗，提高航行效率。因此，拉格朗日点不仅是天体力学研究的重要对象，还是进行太空探索的重要基地。

在拉格朗日点提出的两个多世纪后，人类拉开了拉格朗日点开发利用的序幕。美国于 1978 年成功发射了第一颗拉格朗日点卫星，即日地拉格朗日 L1 点卫星国际探测者 3 号。近年来，随着深空探测进一步向更远的外层空间发展，对拉格朗日点的开发利用已成为国内外深空探测热点。

小行星

小行星是指在恒星系内类似行星环绕恒星运动，但体积和质量远远小于行星的天体。太阳系中的小行星众多，直径从几米到几百千米的都有，目前已确认的小行星超过 130 万颗，更多的小行星还没有被发现，据估计小行星数量超过 20 亿颗。

大约 90% 已知的小行星运行在火星轨道和木星轨道之间宽广的空间，那里直径大于 1 千米的小行星估计有 110 万～ 190 万颗。还有数百万颗更小的小行星形成了小行星带。在这里运行的小行星也被称为主带小行星。还有一些小行星运行在木星轨道或火星轨道等行星轨道上，这些小行星被称为特洛伊小行星。离太阳和地球更远的轨道上还有一些小行星，例如运行在土星轨道和天王星轨道之间的半人马小行星，以及更远的柯伊伯带小行星。

图 3-6　太阳系小行星带示意图

小行星大部分保持在既定轨道稳定运行，但有些小行星一旦受到如大天体引力不均衡等外力影响，轨道就会发生改变，它们有可能会接近地球，还有可能会穿越地球轨道，成为近地小行星。当小行星的飞行路径与地球围绕太阳运行的轨道相交时，就会有撞击地球的危险。

通常认为直径 10 米左右或更小的小行星会在大气层中燃烧殆尽，基本不会对地球造成破坏。这类大小的小行星预计占比约 98.8%，已被人类发现 0.03%，常被记录的火流星事件多属于这类小行星的撞击（近 4 年的统计表明，全球每年遭遇的火流星事件平均 40 多次）。直径 50 米级的小行星会形成明亮的火球，产生巨大爆炸，如果落在居民区会震碎玻璃，造成人物损伤。这类大小的小行星约 23 万颗，已被人类发现约 7%。直径 140 米的小行星预计无法被大气全部烧蚀，会在地表形成撞击坑，造成区域伤害和大量人员伤亡。这类大小的小行星约 2.5 万颗，已被人类发现约 40%。直径 1 千米级的小行星撞击，会造成全球性破坏和文明的崩溃。这类小行星约 900 颗，已被人类发现约 95%。直径 10 千米级的小行星会造成全球性的破坏和生命大灭绝。这类小行星有 4 颗，已被全部发现。

第四章

中国首个月球着陆器
——嫦娥三号

01 中国首次地外天体软着陆

2013 年 12 月 2 日，嫦娥三号探测器在西昌卫星发射中心由长征三号乙运载火箭成功送上太空。12 月 14 日，嫦娥三号探测器着陆在月球虹湾预选着陆区（北纬 44.12° 、西经 19.51° ）。12 月 15 日，玉兔号巡视器（月球车）与着陆器分离，行驶到月面，完成两器互拍，标志着嫦娥三号任务圆满成功。

嫦娥三号通过多种科学仪器，同时实现了“测月、巡天、观地”的科学探测。

着陆器开展就位科学探测，完成了着陆区地形地貌、地球等离子体层、选定天区天文观测等探测工作，获取了探测极限优于 13 等星的连续近紫外波段图像，获得仙王座完整紫外光变曲线，给出双星物质转移的关键证据；获取了 15 个地球半径的等离子体层极紫外图像，首次观测到亚爆发生期间地球空间等离子体层膨胀凸起现象。

巡视器开展移动探测，开展了巡视区形貌、地质构造、物质成分等探测工作，获得了巡视区月面下 330 米处分层结构和月表物质介电常数，明确了不同期次喷发的玄武岩之间的分界面；发现一种新岩石类型，提出了当地火山作用的新理论模型。

嫦娥三号探测器设计寿命1年，自2013年12月14日在月面软着陆以来，着陆器一直开展就位科学探测，实际工作时间远远超出了最初的设计寿命。目前，嫦娥三号着陆器平台在轨时长已超过4000天（地球日），虽已进入“暮年”，仍可正常休眠唤醒，平台工作正常，但由于能源供应下降，不再进行科学探测。嫦娥三号着陆器已经成为人类迄今月面工作时间最长的探测器。

巡视器设计寿命3个月，移动距离约115米，开展了相应的科学探测。寿命期后，由于电机故障，巡视器无法正常移动，在当地待命，月夜月昼靠自主休眠唤醒向地面发送遥测数据，直至2016年7月停止工作。

嫦娥三号探测器实现了我国首次地外天体软着陆，并在月面开展了就位和巡视探测，获得了大量一手科学数据，取得了丰硕的科学成果，圆满实现了探月工程二期“落”的规划目标。嫦娥三号使我国成为第三个在月球表面成功实现航天器软着陆的国家。

02

中国第一个月面探测器

嫦娥三号是我国第一个月面探测器，是一种全新的、完全不同于卫星的航天器。为了实现就位和巡视探测的工程目标，探测器设计为“着陆器+巡视器”的组合。着陆器负责携带巡视器共同奔月，安全到达月球表面后在着陆点开展就位探测。巡视器在落月并与着陆器分离后，在月面移动并执行巡视探测任务，即在月球表面一边行走一边探测。

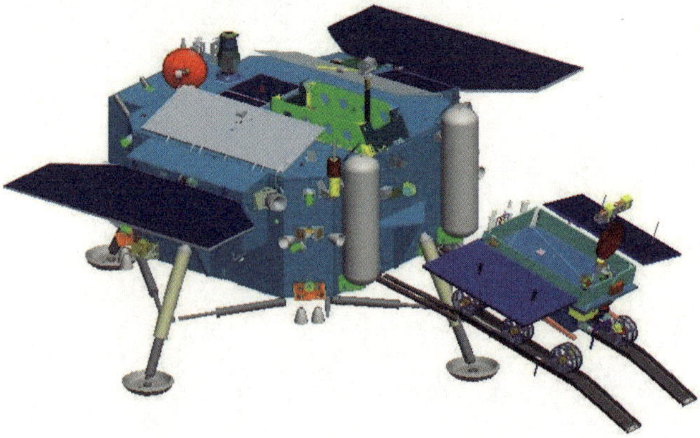

图 4-1　嫦娥三号探测器（着陆器和巡视器组合体）示意图

着陆器

着陆器与卫星设计类似，分为结构与机构、推进、GNC、着陆缓冲、热控、测控数传、定向天线、电源、数据管理、总体电路、有效载荷 11 个分系统。其中，着陆缓冲分系统为着陆器特有分系统。

着陆器有效载荷分系统包括载荷综合管理器和降落相机、地形地貌相机、月基光学望远镜、极紫外相机 4 种科学探测仪器。除科学载荷外，着陆器还携带了 2 台工程载荷，即月尘测量仪和监视相机，开展月尘对探测器影响研究，以及两器分离等关键环节的图像监测。

远远看去，着陆器像一个庞大结实的四足金鼎。箱体尺寸长 2.5 米、宽 2.5 米、高 1.24 米（腿展开后高 3.3 米），重 3650 千克。4 条腿前端有一个圆盘式的足垫，像 4 只大脚，稳稳地支撑着硕大的身躯。太阳翼像两扇翅膀伸展在着陆器两侧，头顶伸展出可以转头的地形地貌相机、圆形定向天线、光学望远镜和极紫外相机等。着陆器胸部是燃料罐，肚子中间是它的心脏——发动机，钟形喷管就像一个大肚脐露在着陆器底部。

着陆器可以带着巡视器奔月、环月、落月；它可以自主降落，并在一定高度悬停，精细选择平坦的着陆点着陆；落月后，它可以展开一架梯子，让月球车从头顶走下来；它在月昼开展科学探测，并将探测数据发回地球；它可以接收来自月球车的科学数据并转发到地面；它携带了多枚同位素热源，可以抵抗月夜的极寒侵袭，并保证在月昼正常工作。

图 4-2　嫦娥三号着陆器月面工作实景图

巡视器

巡视器包括移动、结构与机构、GNC、综合电子、电源、热控、测控数传、有效载荷 8 个分系统。其中，移动分系统为巡视器特有分系统。

巡视器有效载荷分系统包括载荷综合管理器和全景相机、测月雷达、红外光谱仪、粒子激发 X 射线谱仪 4 种科学探测仪器。

从外观上看，玉兔号巡视器像一个架在 6 个轮子之上的长方形盒子，收拢状态下长 1.5 米、宽 1.0 米、高 1.1 米，重 140 千克，展开后的样子如图 4-3 所示。它的 6 个轮子和悬架安装在“盒子”两侧；上层有一根向上伸出的桅杆，支撑着圆形定向天线，高举着 4 台相机；前面有一只机械臂，装有红外光谱仪开展科学探测；两侧有展开的太阳能电池帆板；尾端竖着多根天线，还有两根向后伸出的鞭状天线。

玉兔号在复杂的月面地形环境下，能够灵活移动，可以跨越石块或小坑等障碍，可以爬坡，并可灵活转向；它可以感知地形地势，寻找探测目标；它携带了 1 枚同位素热源，能够承受月球昼夜的极端温度环境，抵御极大的温差，一边行走一边开展科学探测，并及时将探测成果发送回地球；它为了保持体能，在月夜会进入休眠状态，月昼时，当太阳光照射到一定程度会自然醒来。可以说，玉兔号月球车是一个聪明能干的月面机器人。

图 4-3　玉兔号月球车月面工作实景图

03 嫦娥三号有哪些过人本领

嫦娥三号作为我国第一个月面探测器，与嫦娥一号、二号绕月卫星相比，要想在完全陌生且环境恶劣的月面着陆、探测和生存，自然需要佩戴一身好装备、练就一身好本领。

高精度 GNC 设备为落月精准找路

GNC 技术基于多信息融合技术，通过加权评分策略和故障情况下的信息重组技术，创新地采用了基于惯性导航配以测距测速修正的高可靠、全自主的导航方案；突破了高精度大动态激光测距技术和微波测距测速技术，通过我国自主新研的微波测距测速敏感器、激光测距敏感器和激光三维成像敏感器，采用基于光学图像和三维高程数据的障碍识别算法，实现了全自主避障控制，测距精度和障碍识别精度达到分米量级，测速精度达到每秒厘米量级。这些都大大提高了着陆自主性、精确性和安全性。

变推力发动机为落月平缓减速

嫦娥三号配备了我国第一台航天器用高比冲、高控制精度的变推力发动机，实现 1500 ~ 7500 牛推力连续可变，且推力控制精度达到 6.25 牛，这是着陆的关键设备，为月球真空环境下降落减速提供了动力。国内首次采用的复合材料缠绕的大直径金属膜片贮箱，满足了平衡排放、高挤出效率等任务需求。系统流阻匹配技术、防晃防旋技术、系统减压调节技术，解决了系统并联均衡排放、液体防晃、大流量变工况下推进系统稳定的工作难题。

腿式缓冲机构助力探测器平稳着陆

嫦娥三号安装了由 4 条腿为主的着陆缓冲机构。缓冲机构采用“悬臂式”构型，压紧释放与展开锁定装置及辅助缓冲器集成设计。4 条腿腿骨内增加新研的塑性形变吸能材料，使探测器着陆时可以大大减小着陆冲击带来的震动；腿部末端安装了脸盆大小的圆形大脚，可以保证探测器在复杂的月面站稳脚跟。着陆缓冲机构保证了探测器高稳定度着陆。

同位素热源为探测器长寿命提供保障

针对月夜长时间无阳光照射而引起的探测器低温生存问题，嫦娥三号采用同位素热源（属国内首次），结合国际首次应用的重力辅助两相流体回路技术实现了热能的可控输运，维持 14 个地球日的 -190℃月夜极低温条件下探测器体温，确保在月昼夜期间 300℃温差的大温变情况下，使着陆器和巡视器安全度过每个月夜。

同时，在工作模式上，创新地采用了月夜全断电休眠、月昼光照自主唤醒的方案，实现了我国航天器在轨长期运行。

悬架式移动系统保障巡视器平稳前行

嫦娥三号采用独特的摇臂悬架、三轴六轮驱动式新型巡视器移动系统，具备前进、后退、原地转弯及20° 爬坡和20厘米越障能力，并保持车体平稳。车轮采用筛网和突起结合方式，能够在恶劣路况下保持通过性良好的同时尽可能地节约能耗，为巡视器在松软月壤、石块遍布的崎岖月面安全、稳定行走提供了保障。

车载视觉系统为巡视器远行护航

嫦娥三号采用基于车载视觉系统的图像匹配定位、基于里程计的航位推算法、路标特征匹配法等定位方法，实现了巡视器的精确定位；采用立体视觉技术实现了月面未知环境的三维恢复与重建；利用适应月面地形特征的启发式路径搜索算法，为巡视器开展路径规划，当遇到危险的斜坡、较大石块或直径大于2米的撞击坑时，可以自主判断、安全避让，提高了其适应月面复杂地形的能力，确保了巡视器在月面的高效、安全工作。

探测技术丰富科学成果

嫦娥三号在月面着陆器上配置天文光学望远镜和极紫外相机(属国际首次)，可开展重要天体光变的长期连续监测和低轨道带的巡天观测，对地球周围的等离子体层产生的30.4纳米辐射进行全方位、长期的观测研究。在巡视器上配置测月雷达，国际上首次直接探测 30 米深度内月壤层的结构与厚度，并探测数百米深度内月球地壳浅层的结构。此外，着陆器和巡视器上配置了多台相机、光谱仪和粒子探测仪器，开展着陆区和巡视区地形地貌研究，以及月壤物质成分和化学元素的探测，为科学成果的获取提供了丰富的技术手段。

04

嫦娥三号着陆点的选择

嫦娥三号的着陆地是月球上的一个巨大盆地，称为雨海，它在月球的正面——永远面向地球的一面，是月球表面最大的撞击盆地之一。在雨海西北角，有一个像字母 C 包围着的区域，好像雨海伸出的海湾，这就是虹湾。在虹湾开口外侧，即虹湾以东地区，就是嫦娥三号的着陆区，具体位置为月球的西经 19.51°、北纬 44.12°。

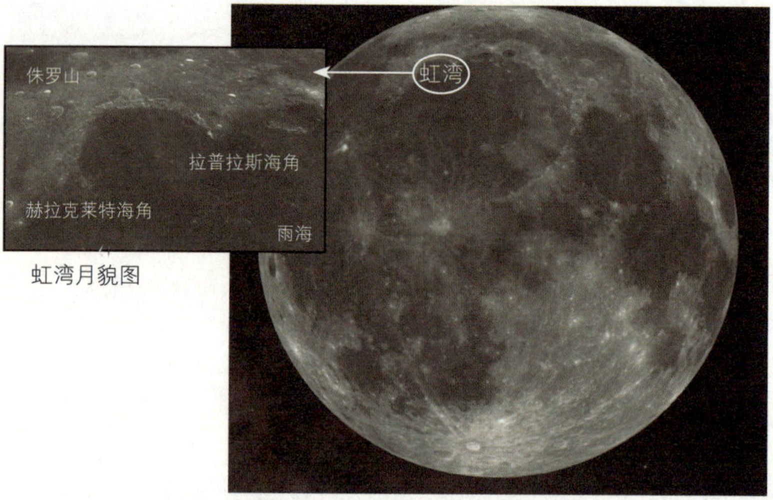

图 4-4　月球正面地貌图

嫦娥三号为什么选择在虹湾地区着陆呢？其实，科学家们最初为嫦娥三号准备了 5 个预选区，分别是虹湾、酒海、湿海、开普勒和阿里斯基撞击坑，但着陆位置受很多客观因素的限制，不是想去哪里就能去哪里。科学家们要从满足工程、科学探测和创新等需要来选择着陆区。

考虑满足工程的可实现性

虹湾满足了以下几个约束条件。

一是满足安全性条件。着陆点要处在相对开阔平坦的区域，便于嫦娥三号软着陆时躲开月岩或月坑，实现平稳、安全着陆，同时可以满足玉兔号巡视器在月面行走和采样的需要。

二是方便测控通信。嫦娥三号落在位于月球正面的虹湾地区，使它始终位于地球测控通信系统的“视线”之内，便于保持连续测控和通信。

三是有比较充足的光照条件。嫦娥三号要依靠太阳能电池提供电能并为蓄电池充电。着陆区的光照条件与太阳高度角相关，纬度越低、太阳的高度角越大，光照条件越好。

四是满足热控要求。着陆区的环境温度要有利于嫦娥三号的“生存”和活动，并且温度变化越小越好。月球与地球一样，纬度越高的地区温度越低，越靠近赤道温度越高。着陆区要选择适合热控的地区。

考虑科学探测需要

从满足科学探测需要的角度考虑，着陆区要选择在有更高科学探测价值的地区，譬如地质构造复杂及月岩、月壤物质元素丰富的地区。虹湾地区地质构造复杂，虽然为月海玄武岩覆盖，但存在着很多物质成分上的差异。这一地区经历了前雨海纪、雨海纪、爱拉托逊纪和哥白尼纪等月球地质年代事件，反映了月球丰富的地质演化历史。由于这一地区的典型性，因而成为首选区域。

考虑创新

从创新的角度来考虑，应该选择以往人类没有去过的地区。在嫦娥三号到达月球之前，已经有 6 艘阿波罗载人飞船登月舱和 12 个无人月球探测器成功降落在月球表面并开展科学探测活动。嫦娥三号显然要选择前人没有到达过的新着陆区，以取得更富有创新性、科学价值更高的成果。美国、苏联的登月飞船和月球探测器大多降落在月球赤道附近，高纬度地区不多，相比之下，嫦娥三号的着陆区纬度应更高。

综合上述各种因素，权衡利弊，最终确定虹湾地区为嫦娥三号的着陆地点。

05

嫦娥三号的精彩着陆

2013 年 12 月 14 日 20 时，北京航天器飞行指挥大厅和参观大厅里座无虚席，当 1 号指挥员发出着陆准备的口令后，大厅里几乎鸦雀无声。当 7500 牛发动机启动，嫦娥三号开始动力下降时，大家都屏住呼吸，目不转睛地注视着大屏幕上不断变动的数据和降落相机展示出的不断接近月面的图像，直到画面中出现着陆激起的一缕月尘，以及随即定格在着陆点的图像，大厅里才爆发出了雷鸣般的掌声。伴随着不可思议的惊叹声，嫦娥三号——我国第一个月球着陆器成功登陆月球了！这是 1976 年苏联“月球 24 号”月球探测器登月后，时隔 37 年人类航天器首次登临月球，是多么伟大的一个壮举！

回想嫦娥三号短短 12 分钟扣人心弦的着陆，可以说是一次大胆而冒险的行动。月球表面分布有大大小小的撞击坑、岩石和陡坡，要在这样恶劣环境下登陆难于登天，以致人类早期的月球着陆任务成功率很低。由于月球上没有大气，无法使用降落伞，只能利用着陆器 GNC 系统精确指挥和推进系统的精准动作，来控制下降速度、方向和姿态。为稳妥起见，嫦娥三号着陆过程采取分段式控制策略，通过自主导航、自主控制的“自动驾驶”方式，逐渐精确逼近着陆点并实现安全平稳着陆。

在开始实施月面着陆前，嫦娥三号先从其运行的 100 千米环月圆轨道调整为 100 千米 ×15 千米的椭圆轨道，打开了着陆使用的各种敏感器，收拢了太阳能电池帆板，GNC 系统转入着陆准备状态，然后从这条轨道上开始实施下降和着陆任务。整个下降过程分为主减速段、快速调整段、接近段、悬停段、避障段和缓速下降段 6 个阶段。

第一步，主减速段

主减速段的主要任务是减小飞行速度。着陆器相对月球的速度从 1.7 千米 / 秒左右减小到 70 米 / 秒左右，飞行时间大约 450 秒，航程约 430 千米，从距离月面 15 千米下降到 3 千米。同时，飞行轨迹从环绕月球的轨道转变为平缓的下降轨道。在主减速段，着陆器启动了降落相机，开始动态拍摄月面图像，同时使用中增益天线，把拍摄的首批月面照片传回地球。

第二步，快速调整段

快速调整段起承前启后的作用，主要任务是衔接主减速段和后续的接近段。在主减速段结束时，着陆器的飞行姿态仍接近水平状态，主发动机处于大推力工作状态；而后续的接近段，飞行姿态接近垂直，主发动机调节到低推力水平，所以要安排一个快速调整段，以便从主减速段过渡到接近段。着陆器在这个阶段大约飞行 20 秒，航程约 1 千米，从距离月面 3 千米下降到 2.4 千米。

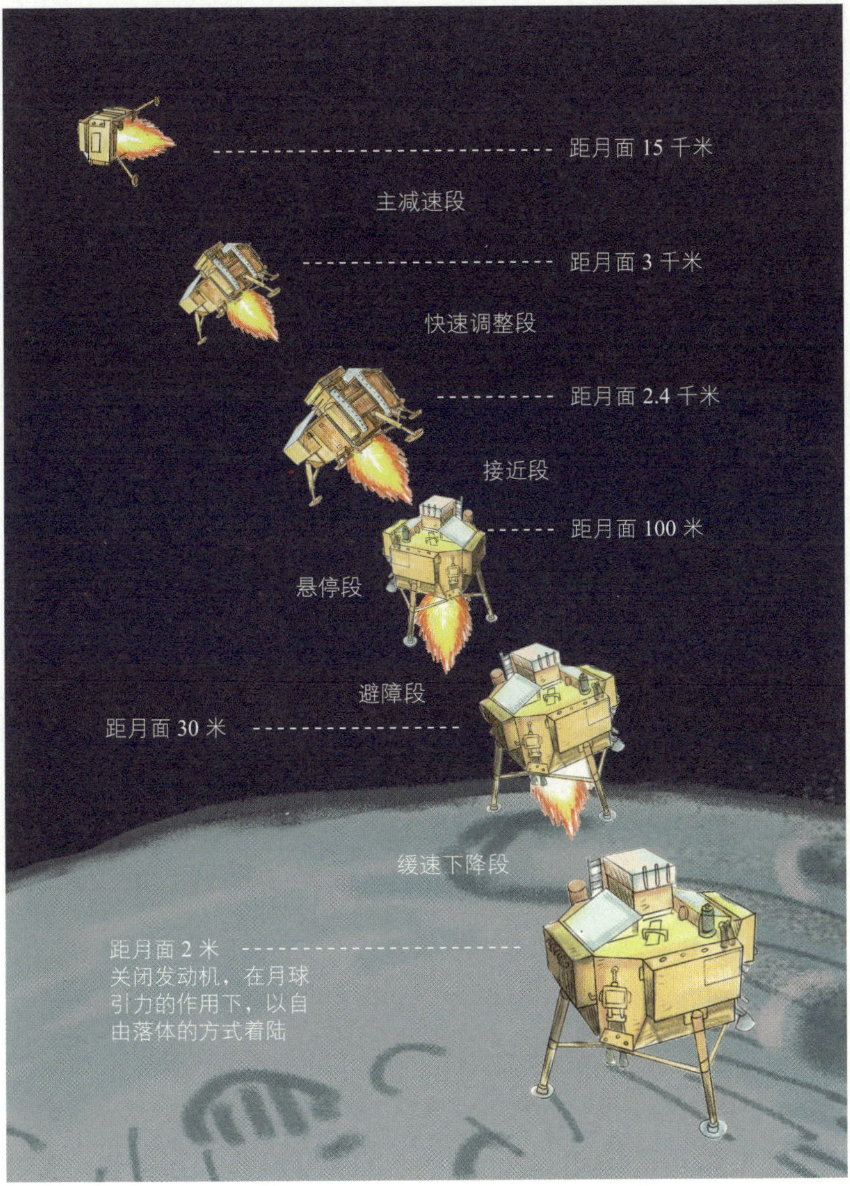

图 4-5　嫦娥三号着陆过程示意图

第三步，接近段

接近段的主要任务是为着陆器找到一个较大的安全着陆范围，同时完成大范围的粗避障。在接近段，主发动机推力逐渐减小，着陆器按照与水平面成 45° 夹角的直线下降方式，逐步接近着陆区。同时，着陆器上的光学成像敏感器对月面进行大范围扫描成像，并利用计算机进行图像处理和模式识别，以检测大障碍——直径大于 1 米的石块或撞击坑，确定一个较大的安全着陆范围，并在下降过程中完成粗避障。在接近段，飞行时间大约 180 秒，从距离月面约 2.4 千米的高度下降到大约 100 米，相对月面速度减小至接近 0 米 / 秒。

第四步，悬停段

悬停段的主要任务是对月面进行高精度三维成像，精确检测着陆区的障碍，确定安全着陆点。在悬停段，着陆器悬停在距月面 90 ~ 110 米的空中，垂直方向和水平方向的速度均为 0 米 / 秒，加速度为 0 米 / 秒 ^{2}，飞行姿态保持垂直状态，并在 30 秒左右的悬停时间内保持姿态和位置不变。在悬停状态下，着陆器利用激光三维成像敏感器精确观测下方着陆区，处理三维图像数据，识别粗糙度和坡度，精准确定安全着陆点。

第五步，避障段

避障段的主要任务是下降和精确避障。根据悬停段确定安全着陆点位置，着陆器从距月面约 100 米的悬停位置，斜向下降到着陆点上方 30 米的位置，在下降过程中完成精确避障。避障段的飞行时间大约 25 秒，避障段结束时，着陆器相对月面的下降速度为 15 米 / 秒，水平速度接近 0 米 / 秒。

第六步，缓速下降段

着陆器以 2 米 / 秒的下降速度，从约 30 米高处垂直、匀速下降，下降过程中消除水平速度和加速度，保持水平位置不变，直至下降到着陆点上方约 2 米时，收到 γ 关机敏感器提供的关机信号，随即关闭主发动机。这段飞行时间约 15 秒。按设计，如果 γ 关机敏感器不能提供关机信号，则着陆器的着陆腿触地瞬间，触地敏感器将发出关机信号以关闭主发动机。

在关闭主发动机之后，着陆器进入无控模式，以自由落体方式下降，直到接触月面，最终依靠着陆缓冲机构在月面完成软着陆。着陆缓冲机构是有 4 条腿的支架，可以吸收着陆时的冲击能量，确保平稳着陆。

06

首次月基巡天观地获得重大发现

嫦娥三号着陆器上携带了光学天文望远镜和极紫外相机，实现了在月面仰望星空和俯测地球。那么，在月球上观测有何优势，嫦娥三号又取得了哪些重要成果呢？

优势一：月球的自转缓慢，可提供更长的观测时间。月球上的一个白天大约相当于地球的14天，一个夜晚同样是14天，这为长期连续观测提供了极佳条件，对一个目标可以开展长达300多小时的连续跟踪和观测。

优势二：月球远离地球，基本不受人类活动的影响，比如月球上没有城市灯光污染，这对光学设备观测极为有利。

优势三：月球表面处于超高真空状态，没有大气层，也就没有风、没有云、没有大气湍流等的干扰和遮挡，开展光学观测也不会受到大气折射、散射和吸收的影响，可以获得极高精度的观测数据。

优势四：对于地球观测，月球离地球距离约38万千米，在此距离下，可以对地球周围的空间环境和天气活动开展大尺度的观测，能够看到地球等离子体层的全貌。对于天文观测，月球可以为天文望远镜提供一个稳定的观测平台。研究表明，月球很平静，即使发生月震，其释放的能量是地球地震平均释放能量的一亿分之一，望远镜的相对位置变化也微乎其微，这种稳定性对于光学和射电天文观测极为重要。

月基天文观测填补国际天文观测空白

在浩瀚的宇宙中，无数天体以各种方式释放着不同频率的电磁波，这些电磁波携带了天体的宝贵信息。数百年来，天文学家利用地基光学和射电天文望远镜，接收来自宇宙的电磁波，发现新的天文现象。遗憾的是，在地球上，由于大气的吸收、反射和散射及地球本身背景噪声影响，无论用多么先进的天文望远镜，也很难捕捉到更新、更多的宇宙景象。为突破地面条件的限制，人们希望将天文望远镜搬到太空中，比如美国将哈勃太空望远镜送至地球轨道、詹姆斯·韦伯太空望远镜放置于日地拉格朗日 L2 点等，这在很大程度上解决了天文观测需求。而嫦娥三号则利用月基的独特优势，开启了人类月基天文观测的先河。

嫦娥三号光学天文望远镜首次实现月基近紫外巡天观测，填补了国际上之前利用卫星巡天在银河系低纬度天区（银盘附近）的部分空白。通过 5 年多的探测，嫦娥三号获得了数万张图像数据，探测精度比哈勃太空望远镜的结果提高 2 个量级，比印度月船一号的结果提高 5 个量级，是迄今为止这一领域的最好结果。

月基对地观测首次解译地球等离子体层

地球等离子体层是地球的保护屏障之一，与空间天气变化关系密切。等离子体层可以阻挡大部分太阳风落到地球表面，阻挡绝大部分高能宇宙射线进入地球。太阳风到达地球会对地球轨道运行的卫星及地面通信设备等造成破坏。对地球周围等离子体层产生的辐射进行全方位、长期观测，获取地球等离子体层三维图像，有助于了解太阳风和地球天气变化的相互关系，为空间天气预报提供依据，服务于人类的生产生活。

嫦娥三号极紫外相机是国际上首次实施月面定点、大尺度对地球等离子体层的极紫外观测，共获得数千张地球等离子体层图像。利用这些数据，科学家取得了一系列科学成果：其一，首次发现地球等离子体层边界在磁层亚暴的影响下发生凸起；其二，发现地球等离子体层的尺度与地磁活动强度反相关，其空间结构受地球磁场和电场的约束和控制。磁层活动平静期，等离子体层可以扩展至地心距离 6.5 倍地球半径；随着磁层活动的增强，等离子体层在空间上收缩；在观测到的磁层活动最强期（2014 年 2 月 21 日），等离子体层顶至地心距离下降为 3.5 倍地球半径。这些探测结果与等离子体层经验模式及其他卫星就位探测结果一致。

07

巡视器巡视探测获得重大科学成果

玉兔号巡视器上配置了4台科学探测载荷：测月雷达、全景相机、粒子激发X射线谱仪和红外成像光谱仪。科学家经过对这些探测数据进行分析和研究，获得了多项原创性重大科学成果。

首次揭示月表浅层地质结构

月壤存在一层相对均匀、角砾较少的顶层月壤，厚度约0.7米。月面浅层结构分3个间断面，分别为195米、215米和345米，可能反映了不同时期玄武岩喷发形成了不同月壤层。

首次揭示雨海区域地质演化历史

月壤分层结构首次揭示了雨海纪（39亿年前～32亿年前）和爱拉托逊纪（32亿年前～15亿年前）多次玄武岩及火山碎屑岩对雨海的充填事件。着陆区位于月球雨海盆地北部，该区域的玄武岩流（深黑色）年龄为20亿～30亿年。与以往的研究结果不同，对顶层的分层厚度研究表明，月球在晚至25亿年前左右仍存在大规模火山喷发，月球晚期火山活动的形式多样，包括平静的溢流式和剧烈的喷发式，这说明晚期岩浆中仍有大量的挥发分。这一研究结果对理解月球演化有重要意义。

发现一种新的岩石类型

利用粒子激发 X 射线谱仪和红外成像光谱仪探测数据，发现与美国阿波罗任务和苏联月球任务月球探测区域及月球陨石收集到的月海玄武岩不同，嫦娥三号着陆区由“紫微”撞击坑溅射出的岩石是一种全新的月球玄武岩。这种新型岩石具有低硅、中钛、高钙和极高铁等化学特性，含有较为丰富的富铁橄榄石和钛铁矿；可能来源于月球岩浆洋分异晚期的玄武岩区，由富含铁、钛的月幔物质熔融形成。

测月雷达

测月雷达安装在月球车底部，在月球车行进过程中，边走边工作，对月面之下超过百米深度的月球内部地质结构以及月球土壤厚度和结构进行探测。它由电磁波信号发射机和发射天线、接收天线和接收机以及主控制器等组成。

在月球表面工作时，发射机产生超宽带电磁脉冲信号，通过发射天线向月球地下辐射电磁脉冲信号。这些电磁脉冲信号穿入月表之下，在月壤和月壳岩石介质的传播过程中，如果遇到不均匀层、不同介质交界面、熔岩管、漂石等目标时，就会产生电磁波信号的反射和散射。反射和散射信号返回月球表面，利用接收天线接收到反射和散射信号，这些信号经过接收机放大、处理后，转变成相应的探测数据。探测数据经过分析、处理和成像后，可以得到巡视器行走区域内月壤厚度及其分布、漂石和熔岩管的分布以及月壳次表层岩石地质结构等信息。

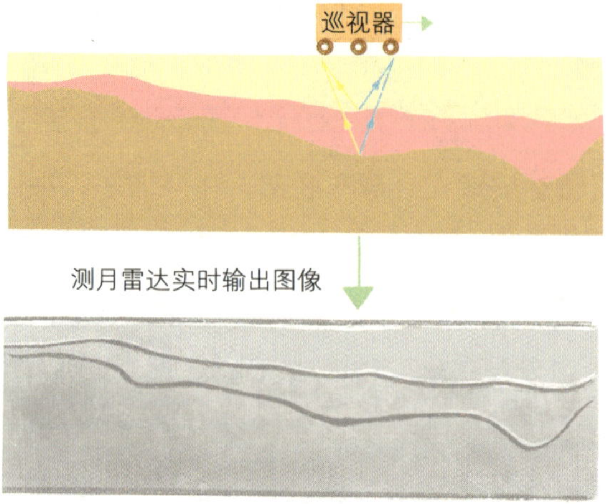

图 4-6　测月雷达工作原理示意图

红外成像光谱仪

红外成像光谱仪安装在巡视器前部，主要任务是在巡视器停止行进时，对月表目标进行可见近红外光谱成像及短波红外光谱探测，获取月表目标的光谱和几何图像数据，完成巡视区探测点矿物组成、含量（丰度）和化学成分的原位分析。它由光谱仪探头及电控箱组成，其中探头安装于巡视器舱外，而电控箱部分安装在巡视器舱内。

红外成像光谱仪具有可见近红外和短波红外光谱探测功能。在月表工作时，月球表面矿物反射太阳辐射，进入成像光谱仪，由仪器首先准直成平行光束，再由声光调制滤光器调制，形成某一波长的准单色光，会聚到探测器上，由此得到月表观测目标的单波段光谱及图像。

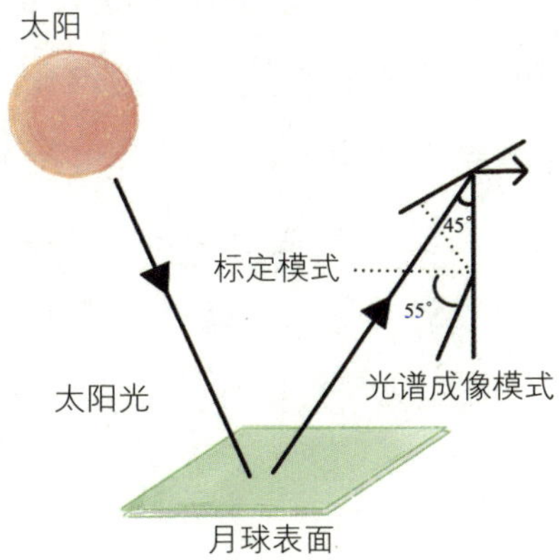

图 4-7 红外成像光谱仪工作原理示意图

粒子激发 X 射线谱仪

粒子激发 X 射线谱仪安装在巡视器前面的机械臂末端，通过控制机械臂的运动来保证粒子激发 X 射线谱仪的工作位置。主要任务是获得月球元素的种类及含量信息，实现月表物质成分分析和可利用资源调查，并为月球地质化学和演化过程提供重要依据。主要由探测系统、月夜生存装置（同位素热源）、定标装置、距离感知装置和电子学系统等组成。

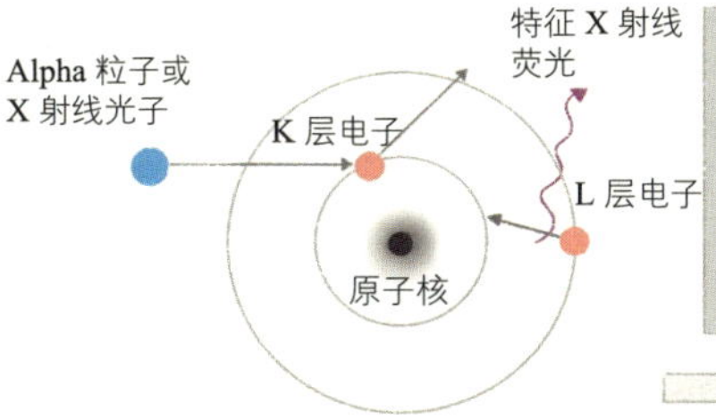

图 4-8 特征 X 射线激发和发射原理图

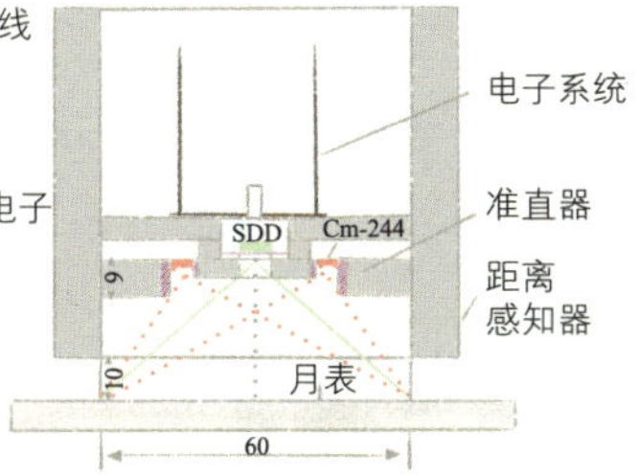

图 4-9 粒子激发 X 射线谱仪工作原理示意图

在月面工作时，粒子激发X射线谱仪通过自身携带的铁-55和镉-109同位素发射的X射线作为激发射线，使月表元素的内层电子被激发，从而产生特征X射线。特征X射线被粒子激发X射线谱仪探测器接收，通过后端的电子学处理形成能谱信息。通过X射线的能量和强度信息，对月表元素成分和含量进行反演，得到月表元素的分布信息。

第五章

第一次到达月背

——嫦娥四号的故事

01

实现人类首次月背着陆巡视探测

2018 年 12 月 8 日，嫦娥四号探测器在西昌卫星发射中心，由长征三号乙运载火箭托举，承载着人类的希望呼啸升空。2019 年 1 月 3 日，在鹊桥号中继星的支持下，嫦娥四号探测器成功降落在月球背面的南极 - 艾特肯盆地冯 · 卡门撞击坑内预选着陆区，并完成玉兔二号巡视器与着陆器的分离，开始了就位和巡视科学探测。嫦娥四号成为人类月球探测史上首个在月背开展着陆探测和巡视探测的航天器。

嫦娥四号任务包括中继星和探测器两次发射。2018 年 5 月 21 日，鹊桥号中继星在西昌卫星发射中心，由长征四号丙运载火箭送至地月转移轨道，通过月球借力，转移到达地月拉格朗日 L2 点。进入环地月拉格朗日 L2 点使命轨道后，开展在轨测试，试运行半年，等待支持嫦娥四号探测器月背着陆。

嫦娥四号突破了地月拉格朗日 L2 点中继轨道设计和控制、地月中继星远距离低信噪比中继链路快速捕获跟踪、深空轻质大口径 / 耐低温 / 高增益中继天线研制、小尺度区域高精度着陆、月夜探测、多目标测控等技术，成功实现了鹊桥号中继星在地月拉格朗日 L2 点稳定运行和嫦娥四号着陆器月背定点安全着陆。

截至 2024 年 9 月底，鹊桥号中继星在轨飞行 2300 多天，嫦娥四号累计月面工作近 2100 天，玉兔二号累计行走超过 1.5 千米。中继星、着陆器、巡视器在月背工作正常，获得了大量科学数据，研究了月球背面巡视区形貌与矿物组分、浅层结构、月表中子辐射剂量和中性原子等月球环境，揭示了嫦娥四号着陆区和巡视区地质环境及演化历史，其环境探测成果为载人月球探测任务设计及人员防护提供了重要参考。

嫦娥四号实现了人类首次月球背面着陆和巡视探测，填补了国际上月背探测的空白，使得人类能够首次近距离观测到月球背面的地形、地貌及地质结构，为月球演化、太阳系形成及演化提供重要参考，对增进人类对宇宙的认知作出了重要贡献，树立了人类探月史上新的里程碑。

02 月背探测的重要意义

月球背面是月球永远背向地球的一面。从月球遥感图像上看，月球背面密密麻麻地分布着大大小小的撞击坑，布满了沟壑、峡谷和悬崖。在月球南极附近，有一个非常深大的盆地区域，直径约 2500 千米，深度超过 12 千米，被认为是太阳系内最大、最古老的撞击坑，叫南极 - 艾特肯盆地。南极 - 艾特肯盆地是一块极具科学探索价值的月球宝地，去那里寻找最原始的月壳岩石，是科学家梦寐以求的愿望。

在嫦娥四号以前，美国和苏联在 20 世纪共开展了 42 次月球着陆探测任务，成功 18 次，均在月球正面。2013 年，中国的嫦娥三号也是在月球正面着陆探测。面对科学家心心念念的月球宝地，由于技术实现上的极大难度，工程师们也显得爱莫能助。而嫦娥四号研制团队经过充分详细论证，创新性地提出并实现了月球背面着陆探测，具有重大的工程和科学意义。

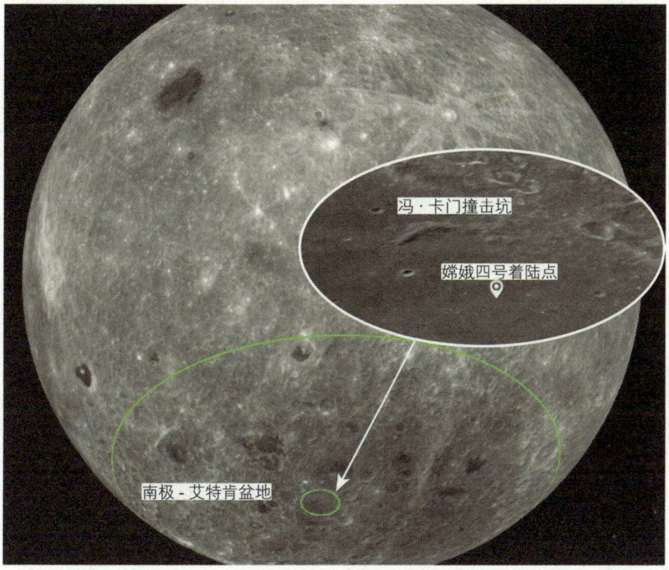

图 5-1　月球背面与嫦娥四号着陆点位置

到达月球“无人区”

月球背面是人类尚未进行近距离探测的区域，嫦娥四号在这片区域开展科学探测，将填补月球探测的空白，有望取得原创性的科学成果。

相比于月球正面年轻的玄武岩，南极 - 艾特肯盆地保存了最古老的月壳岩石。到月球背面开展探测，有望获得最古老月壳的物质组成数据，可以为月壳和月幔分异形成、月壳活动历史等科学研究提供重要线索，有助于了解月球的演化过程，获得月球早期演化历史的新认识。

由于南极 - 艾特肯盆地极深，且小行星不断撞击盆地，在“盆底”形成新的撞击坑，猛烈撞击可能“翻出”盆底之下更深的月球深部物质——月壳下层甚至月幔物质。探测月球深部物质及其组成，可以揭示早期强烈撞击事件的特征，从而有助于对月球形成与演化的研究。

搜寻宇宙初期“声音”

月球上没有电离层，宇宙射线可以直达月面；月球背面被认为是电磁环境最“干净”的地方，因为月球自身的遮挡屏蔽了地球磁环境的干扰、地球闪电和极光带来的无线电发射，以及人类活动产生的无线电干扰。这两个因素使月球背面成为开展低频射电天文观测的绝佳地点。

开展连续的低频射电天文观测，可以“聆听”到来自宇宙深处的“声音”，有望在行星际激波、日冕物质抛射和高能电子束的产生机理等方面取得原创性成果，还有望探索宇宙大爆炸结束后、第一代恒星形成时的宇宙黎明的特征，推动宇宙发生、发展、演化等科学问题的研究进展。

推动新技术发展

几十年来，人类仅在月球正面实现了软着陆，还未实现全月到达，嫦娥四号在月球背面着陆，代表着人类可以到达月球的更多地区，获得更多科学数据，同时将带动一系列技术突破和创新。选择这一地区，还考虑了冯·卡门撞击坑的南部地势相对较为平坦，有利于安全着陆，适合玉兔二号的行驶；同时考虑了这一地区的光照、测控通信等有利条件，保证有较强的工程可实现性。

03

嫦娥四号任务的难点和挑战

根据任务目标，嫦娥四号需要在月球背面着陆并开展巡视探测。与之前的探月任务大相径庭，在月球背面，着陆器、巡视器无法直接同地球通信，必须采用卫星中继的方式。增加中继后，系统更加复杂、任务环节更多，风险极大，给工程实施带来很大挑战。

任务实施模式选择

嫦娥四号要想实现任务目标，需发射探测器（包括着陆器和巡视器）和中继星，与嫦娥三号任务相比，中继星完全是一个意外的新成员。嫦娥三号采用长征三号乙运载火箭进行发射，这其实已经发挥了当时最大的运载能力。嫦娥四号探测器在嫦娥三号备份平台基础上改进而成，重量和尺寸几乎均与嫦娥三号相同，所以不管中继星有多大，都不可能采用“搭顺风车”的方式进行发射。为了保证任务实施可靠性，经充分论证确定，嫦娥四号任务实施两次发射，探测器仍搭乘长征三号乙运载火箭直接奔月，而新加入的中继星则采用运载能力与之相匹配的长征四号丙运载火箭单独进行发射。同时，为保证中继系统的可靠性，中继星提前半年进行发射，在轨经充分测试、具备中继星通信能力并稳定运行后，再发射探测器执行月背着陆探测任务。

长期存储的探测器平台可靠性保证

众所周知，嫦娥四号是充分利用嫦娥三号备份平台进行改进的。备份平台的产品在 2012 年几乎与嫦娥三号平台产品一同生产，到 2018 年年底任务实施时，备份平台的产品经历了 6 年多的贮存期，存在失效的风险。为确保探测器系统的可靠性，需要对备份平台的产品进行可靠性评估，并对部分关键产品的元器件或部件进行更换，补做相应的验证试验。改进所需的新研产品，需要经历全面鉴定试验验证后，生产飞行产品。

高增益中继星的方案制定

在嫦娥四号任务前，中继星基本都是地球轨道卫星，中继最远距离大约在 4 万千米。相比于地球轨道中继星，嫦娥四号任务的中继星与月面探测器之间的距离提升了一倍，增加到 8 万千米。地球中继星发射重量可达到 3 ~ 6 吨，太阳电池输出功率也高，中继的能力可以做得很强，将此类规模的卫星发射到月球轨道，成本巨大。此外，地球卫星的中继频段是 S 和 Ka 频段，而嫦娥四号探测器对中继星频段是 X 频段，考虑月球轨道发射能力的限制，在如此遥远的距离上保证可靠通信是一个很大的难题。

综合考虑研制成本和可靠性，根据月球中继通信需求，研制队伍以采用成熟平台、设计尽量精简为原则，通过深入研究论证，提出选用 CAST100 卫星平台，设计了一个 4.2 米口径高增益天线，采用了整星对月高精度指向的再生转发中继通信方案，研制了鹊桥号中继星。

长征四号丙运载火箭首次执行探月任务的风险控制

用于发射中继星的是长征四号丙运载火箭。该火箭虽说也是很成熟的火箭，但都是执行近地轨道卫星发射任务，发射场主要在酒泉或太原。对于此次月球中继任务，由于射向和卫星轨道要求，需在西昌卫星发射中心实施发射。

面对新的发射环境，首次执行探月任务，长征四号丙运载火箭与发射场的匹配性和发射的可靠性等都引发强烈关注。科研人员需对发射场测试、发射条件进行相应的改造，对运载能力、弹道设计以及系统的可靠性进行细致的核算和评估，以确保发射风险可控。

中继星任务轨道设计与控制

对于月球中继通信，轨道位置的选择直接决定中继通信的覆盖性和链路能力。一般的月球中继星，可能的轨道有环月轨道和拉格朗日点（平动点）轨道。对于用一颗卫星满足月球背面探测器的中继通信覆盖性和链路能力的需求，科研人员最终选择了绕地月拉格朗日 L2 点的轨道，可以实现同时对地、对月背可见，满足中继通信需求。

如何从地球出发，到达地月拉格朗日 L2 点轨道，也是之前任务从未涉及的。为了充分继承以往任务、节省推进剂消耗，设计人员采用了分段式的轨道设计，即地—月转移段和月—L2 点转移段。对于任务轨道在平动点不稳定轨道长期运行造成的偏离，采取优化的轨道维持策略，以使卫星燃料消耗最小，延长卫星寿命。

复杂地形环境下的安全着陆

与月球正面相比，月球背面的地形地貌以高地为主，地形较为崎岖，探测器如何安全着陆是一个巨大挑战。探测器需在满足科学需求与工程约束的基础上，尽可能选择平坦区域着陆。由于月球背面平坦的着陆区面积较小，探测器需要通过精细化的轨道设计与控制，缩小着陆点散布面积，实现定点、定时着陆到预选的着陆区内。此外，探测器需通过自主能力提升及制导、导航和控制策略的优化等手段提高落月的可靠度。

崎岖山路上的巡视探测

与玉兔号在正面平坦区域巡视探测不同，玉兔二号所在的区域到处是坑洼或石块，每一次移动都有可能产生无法预测的姿态变化。再加上月球车任何信号都需要通过中继星进行转发，信息延迟大，每一个动作的执行都关系到月球车的安全。所以，玉兔二号在月球背面的行走必须步步为营，才能行稳致远。为此，在月球车半自主功能的基础上，地面测控中心的操控人员也针对崎岖地形，制定了安全驾驶的原则，为玉兔二号走得更远、探测得更久提供了重要保证。

04

嫦娥四号探测器

与嫦娥三号相同，嫦娥四号探测器也是由着陆器和巡视器（玉兔二号月球车）组成。着陆器 3640 千克，巡视器 140 千克。

着陆器与巡视器也是按照相应的分系统进行设计。着陆器增加了工程载荷、国际合作载荷和科普载荷，在原有效载荷基础上新增低频射电频谱仪，取消了月基光学望远镜、极紫外相机。巡视器上增加国际合作载荷，在原有效载荷基础上取消粒子激发 X 射线谱仪。

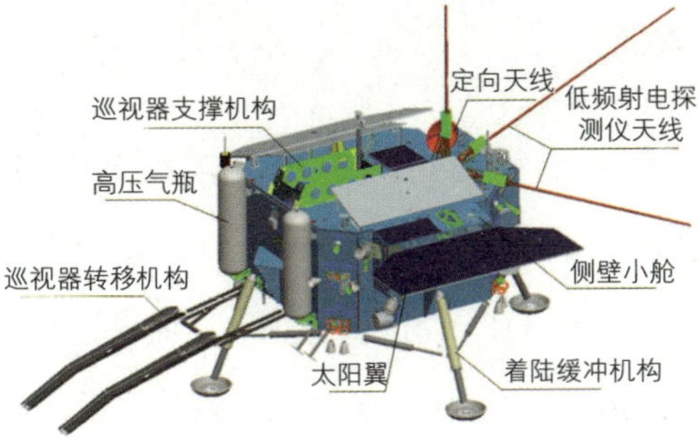

图 5-2　嫦娥四号着陆器

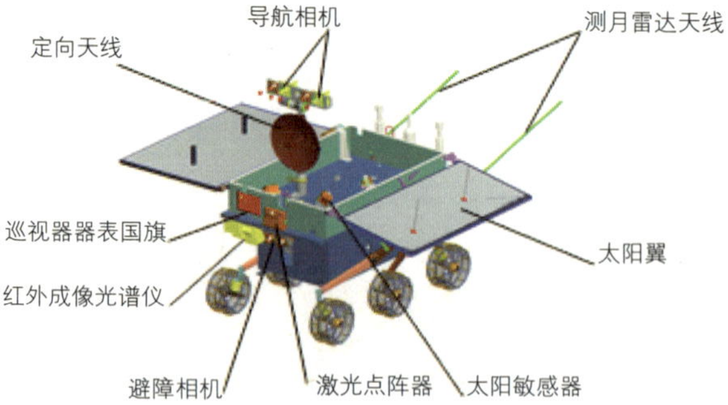

图 5-3　嫦娥四号巡视器

工程载荷

工程载荷主要包括监视相机和月夜温度采集器。其中监视相机可以实现两器解锁、巡视器驶离及在着陆器 10 米范围内的月面活动等关键过程的监测，兼顾拍摄着陆器周围的地貌。月夜温度采集器主要负责在月夜和月昼期间，对着陆器所处环境进行温度采集。

国际合作载荷

国际合作载荷主要包括月球中子及辐射剂量探测仪（德国）和中性原子探测仪（瑞典）等。月球中子及辐射剂量探测仪主要用于测量能量中性粒子（中子和 γ 射线），监测空间粒子辐射。中性原子探测仪（瑞典）主要用于实地观测月表溅射能量中性原子通量，研究靠近月表的散射能量中性原子分布规律。

科普载荷

生物科普试验载荷，将动物、植物和微生物构成的组合搭载到月球，监测生命活动，了解月面环境下的生命现象。

低频射电频谱仪

低频射电频谱仪利用月背的射电环境优势，探测低频射电谱，获取巡天图像；监测行星低频射电爆发现象；观测太阳低频射电特征和月表射电环境。

嫦娥四号着陆器和巡视器与嫦娥三号任务相比，外貌几乎没有变化，在月面工作时，最大的外观改变就是着陆器上多了 3 根互相垂直的长长的天线，就是嫦娥四号的新载荷——低频射电频谱仪，以及玉兔二号前面少了一只机械臂（玉兔号月球车机械臂装载的是粒子激发 X 射线谱仪）。

除上述调整外，根据月球背面的难点和挑战，针对着陆器和巡视器的相应分系统，均开展了适应性改进。可以说，为了完成月背着陆探测的任务，嫦娥四号探测器“大脑”及“五脏六腑”均已升级，脱胎换骨。

05

鹊桥号中继星

鹊桥号中继星是我国第一颗地月中继通信卫星。中继星在轨工作时，从外观上看，它就像长了一对翅膀（太阳翼）的大伞，18根伞肋根根分明，伞中间支撑馈源的架子就像伞骨。这把大伞就是我国自主研制的口径最大的可展开式中继通信天线。卫星的主体就像伞顶上的小盒子，容纳了卫星的“大脑”和“心脏”。发射时，大伞和翅膀都收紧，发射入轨后展开。最为显眼的还有三根长长的触须，就是中继星上搭载的荷兰载荷——低频射电探测仪。

图 5-4 鹊桥号中继星

中继星与一般卫星设计类似，分为结构与机构、热控、星务管理、电源、GNC、测控、中继通信、天线、科学与技术试验载荷等分系统。其中，中继通信和天线分系统是中继星特有的分系统。

中继星与运载火箭分离后，可依靠自身轨道控制实现从地球到月球再到地月拉格朗日 L2 点的转移，完成 L2 点捕获及环绕，并在最终使命轨道稳定运行，实现月球背面着陆器和巡视器与地面站的实时和延时中继通信。中继星设计寿命为 3 年，力争在轨工作 5 年，实际在轨运行已超过 6 年，预计可运行 10 年左右。

问问科学家

馈　源

馈源是抛物面天线的基本组成部分，它用作高增益聚焦天线的初级辐射器，为抛物面天线提供有效的照射，对经反射面反射而来的电磁波进行整理，使其极化方向一致，并进行阻抗变换。

06

月背着陆面临哪些风险

月球正面分布着大量平坦月海，嫦娥三号任务的着陆区就在地势较为平坦的虹湾地区，可选着陆面积大，着陆安全性好。与月球正面相比，月球背面的地形地貌以高地为主，几乎没有大片的月海，遍布撞击坑和环形山，地形较为崎岖，找不到面积大一些的平坦区域。这样复杂的地形条件，对着陆过程的导航及着陆稳定性和安全性等都带来了更大的挑战。

着陆区地形带来着陆安全性风险

为保证着陆的安全性，着陆区选择需综合权衡多方面的影响因素。例如：科学价值，尽量获得更多的科学成果；轨道可达性，保证轨道设计能够到达预定的着陆区；着陆前后测控弧段需求，需要一定的弧段用于观测，保证着陆的精度；着陆时刻太阳高度角约束，需达到月面工作对太阳高度角和热环境的需要；与中继星的通信可见性，尽量保证较长的通信时间，以满足传输更多科学数据的需要；探测器热环境适应能力，为保证全月昼连续工作，宜选择中纬地区着陆；月面能源供给需求，着陆点纬度满足探测器的太阳翼指向调整能力约束等。最后选定主着陆区为冯·卡门撞击坑，范围约为 50 千米 ×30 千米；备选着陆区为克雷蒂安撞击坑，直径约 140 千米，深度约 1.8 千米，坑底直径约 125 千米。

下降初始点位置不确定性带来着陆精度风险

为了确保着陆器能够着陆到预选着陆区内，必须实现动力下降初始点位置和时刻的精细控制。为此，科研团队开展了环月段轨道优化设计：对应不同发射窗口，设计了不同轨道倾角的环月轨道，经过环月变轨和轨道自然演化后，满足动力下降初始条件，实施后续着陆；为减小近月制动偏差对环月轨道倾角、相位的影响，在环月轨道增加轨道修正，采用“倾角、相位”联合修正的最优算法，实现环月轨道的精确控制；为提高轨道控制的精度，近月制动、环月变轨均由嫦娥三号纯切向变轨改为嫦娥四号的切向与法向结合变轨的策略。通过环月轨道的精细化控制，可以保证在不同的发射窗口下，实现统一的定时定点着陆。

着陆过程自主控制可靠性带来安全性风险

嫦娥四号落月过程由着陆器的 GNC 系统自主操控，对于地面人员来说，嫦娥四号的降落过程几乎是一种“盲降”。为了应对在月球背面着陆面临的风险，科研人员在动力下降段的轨道设计、下降策略、飞行控制等方面采取了多项有效措施：提高着陆器的 GNC 系统的导航和制导精度，确保从开始下降到月面着陆大约 450 千米航程的精确控制；下降过程中，在动力下降策略上采取了新的措施，以消除地形起伏对着陆安全的影响；在下降轨迹的设计上做了调整，使嫦娥四号边向前飞行边下降的同时，快速调整姿势和速度，在距离月面6千米时，已调整至垂直下降状态，避免了因水平方向持续移动造成着陆器测量自身与月面之间的距离不够精确的问题，更精确的测量数据才能保证更高的导航和制导精度；着陆器的GNC系统新加入了延时数据注入功能，在着陆下降之前，提前将要发送给着陆器计算机的数据发送到着陆器上暂存，然后在准确时间点让这些数据自动注入；设计了全程自主故障诊断与重构功能，万一发生故障，系统随时可以自我诊断，找到问题，再通过功能优化与重构，恢复整体功能。

07

为什么在地月拉格朗日 L2 点架“鹊桥”

嫦娥四号探测器在月球背面着陆探测，由于无法直接对地通信，只能依靠中继星进行与地面站之间的通信。除了挖掘中继星自身的功能和性能外，中继通信能力还取决于任务轨道的选择。

通常来说，要想完成月球背面探测器和地面站的中继通信，中继星可以选择月球轨道和月球以外的轨道。考虑中继星的运行成本，若选择月球冻结轨道，单颗星对月球背面探测器和地面站同时可见（能建立通信链路），最长通信时间也只能达到 20 小时，短时可能完全不可见。且月球轨道卫星受月球引力影响，其轨道维持频率高，燃料消耗需求大。

问问科学家

月球冻结轨道

月球冻结轨道是一种特殊的轨道类型。航天器在此类轨道上，轨道高度在每个轨道周期的同一时间保持不变，具有长期轨道稳定性，节省了燃料消耗。

如果在月球以外布置卫星且满足运行成本低、通信效率较好的条件，就只有地月拉格朗日点（图 5-5）了。

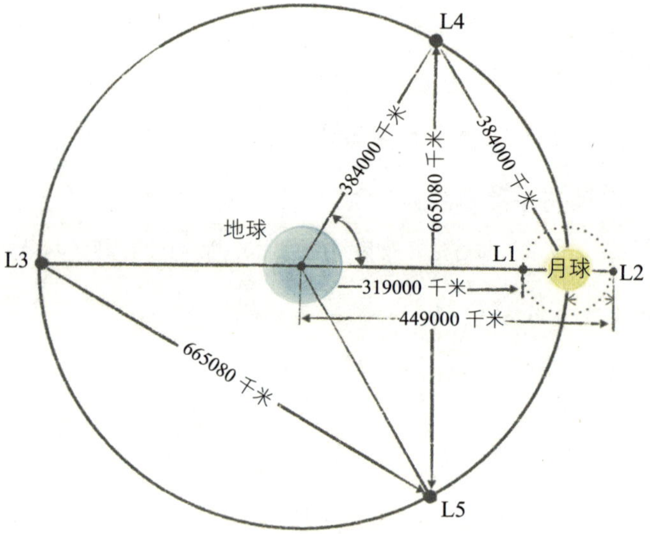

图 5-5　地球、月球、地月拉格朗日点的位置关系

从图中可以看出，要想看到月球背面探测器，卫星只能放在拉格朗日 L2 点。卫星设置在此处，有利于长期稳定运行。且通过

巧妙的轨道设计，卫星的通信效率也可以达到最好。

和地面站、月球背面探测器进行数据交换

卫星的运行轨道距拉格朗日 L2 点振幅只要超过月球遮挡区域且选择合适，就可对月背和地球同时可见，并实现 100% 覆盖，从而完成月背探测器与地面站之间的双向实时数据转发。

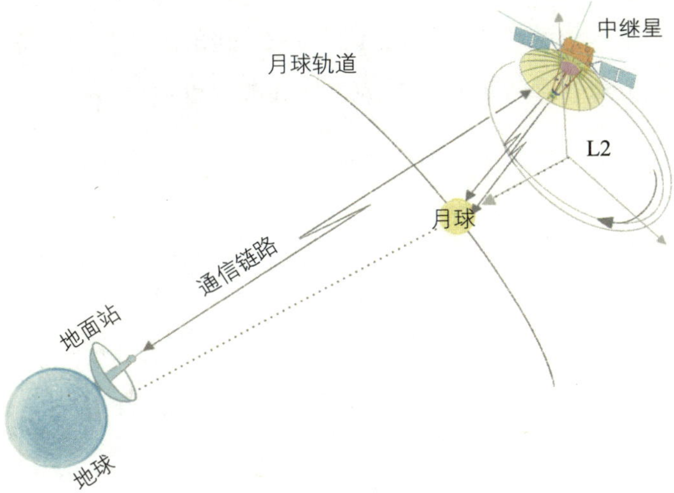

图 5-6　鹊桥号中继星在地面测控站与嫦娥四号之间架起一条通信链路

受地球或月球遮挡时间短，有利于获取太阳能

根据中继星与日、地、月的关系，卫星在地月拉格朗日 L2 点附近一定轨道高度运行时，光照时间比例接近 100%。

卫星长期运行所需轨道维持消耗量较小

根据拉格朗日 L2 点的特性，卫星在此处受到的月球和地球的引力均衡，可以保持相对稳定的轨道，能为探测器轨道维持减少燃料损耗。

综合分析中继覆盖率、阴影时长及燃料消耗等因素，中继星选择了拉格朗日 L2 点振幅约为 1.3 万千米、倾角 43.9° 的 Halo 轨道，对月背时时可见，对地球站无月球遮挡弧段。中继星在轨运行期间，不追求轨道严格的周期性，采用优化的轨道维持策略，节省燃料，为中继星提供更长时间的在轨服务提供充足条件。

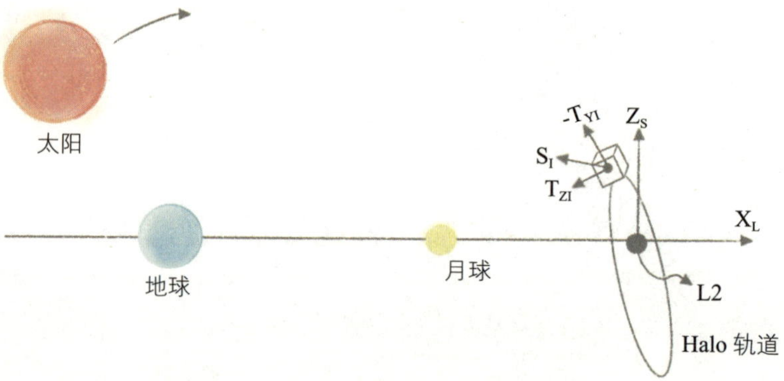

图 5-7　太阳、地球、月球、地月 L2 点及 Halo 轨道的位置关系

08

探测器为何要 20 多天环月等待

嫦娥四号于 2018 年 12 月 8 日从地球出发，2019 年 1 月 3 日成功着陆月球，奔月之旅将近 27 天。相比之下，嫦娥三号探测器仅仅用了不到 13 天。那多出的时间，嫦娥四号探测器在做什么呢？

从由地球出发开始，嫦娥四号（约 110 小时）比嫦娥三号（约 112 小时）的奔月轨道所用时间更短，但进入环月轨道后，嫦娥三号围绕月球飞行了 4 天左右就开始下降着陆，而嫦娥四号围绕月球飞行近 22 天后才实施月面着陆。嫦娥四号为什么需要 20 多天的环月等待？

静待着陆区天亮

嫦娥四号要等月球背面的着陆区天亮后才能着陆。嫦娥四号着陆时如果没有阳光，则无法利用太阳能为蓄电池充电，在黑暗中无法进行“两器（着陆器与巡视器）互拍”，着陆器和巡视器在黑暗极寒环境下也无法工作，只能进入休眠状态，所以白天的阳光是嫦娥四号着陆的必备前提。

不巧的是，嫦娥四号进入环月轨道时，预定着陆区南极 - 艾特肯盆地一带已进入夜晚，只能在环月轨道上等待着陆区天亮。由于月球自转周期大约等于地球上的 27.3 天，即月球上的“一天”接近于地球上的一个月，一个月昼或月夜则分别接近于地球上的半个月，所以这一等就将近半个月。等到着陆区太阳出来时，已经过去了 10 多天，嫦娥四号这时才实施着陆。嫦娥三号则幸运得多，它到达月球上空时，预定着陆区虹湾一带处于月球的白天，因而无须“等待阳光”。

在轨中继通信测试

由于嫦娥四号在月球背面着陆，与地面站之间的联络信号需要由中继星进行中继转发，中继链路的建立和性能直接决定着探测器月面探测任务的成败。

鹊桥号中继星提前于探测器半年发射，尽管在地面研制阶段，探测器的测控数传分系统与中继星中继通信分系统相关设备已经进行了充分的对接验证，但探测器发射入轨后，通信链路是否能够建立、通信可靠性是否满足要求等还需进一步验证，以确保探测器落月后中继通信链路的畅通。

因此，嫦娥四号进入月球轨道后，在自身测试良好的情况下，须与鹊桥号中继星开展链路测试。在这个过程中，鹊桥号中继星上直径 4.2 米的伞状抛物面天线要精确地指向嫦娥四号的飞行航迹，两者各自开启通信设备，建立通信链路。

嫦娥四号在轨共进行了 4 次中继链路测试。而嫦娥三号在月球正面地区着陆，与地面站之间一直保持直接通信，无须额外进行专门的通信测试。

探测器轨道调整

嫦娥四号进入环月轨道时，它运行的轨道面几乎与地月连线保持垂直，飞行轨道不经过预选着陆区——南极-艾特肯盆地冯·卡门撞击坑的上空，这意味着嫦娥四号无法在预选着陆区着陆。

要想顺利在预定落点着陆，需要对探测器的轨道面进行大约270° 的调整（图5-8）。为了节省探测器燃料，不采用探测器机动，而是充分利用月球自转，使轨道自行调整到可以经过预定着陆区上空。轨道面调整到位后，下降前还需进行轨道高度调整，以满足月球背面下降的轨道要求。而嫦娥三号进入的环月轨道可以经过预选着陆区，无须进行大范围的轨道面调整，下降前只需进行轨道高度的调整，即可满足落月轨道要求。

也许有人会问，嫦娥四号既然要在环月轨道上等待这么长时间，何不推迟半个月发射？这就牵扯到发射窗口问题。

月球探测任务的实施，不光要考虑月球终端各过程的合理性，任务的初始条件也决定着它的可行性。向月球发射探测器时，何时出发，即发射窗口如何选择也是决定因素。对通常的卫星任务，允许运载火箭发射的时间范围称为发射窗口。发射窗口选择受到许多条件的约束，比如太阳/地球（包括发射位置）/月球（包括着陆区）的相对位置关系、地面测控条件、奔月过程光照及火箭运载能力等。综合考虑这些约束条件后，发射窗口就有了很大限制，尤其对月球探测任务，通常一年只有 1 个最佳的发射窗口，若推迟，可能要等半年才会再有发射机会。

对于 2018 年发射的嫦娥四号来说，它的发射机会只在当年 12 月 8 日和 9 日，每天存在 2 个发射窗口，间隔 40 分钟，每个窗口的宽度只有短短 1 ~ 4 分钟。因此，不存在推迟半个月发射的可行性。

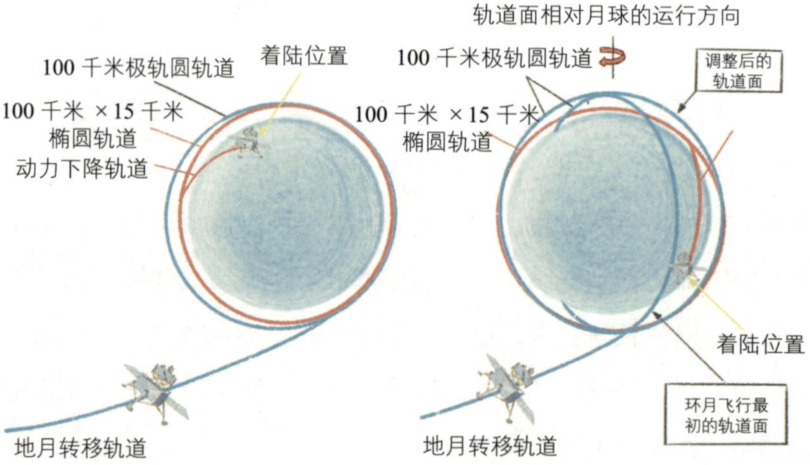

图 5-8 嫦娥四号（右图）和嫦娥三号（左图）
环绕月球运行的轨道示意图

09

首次月背探测获得多项重大科学成果

嫦娥四号任务圆满完成实现了人类首次月球背面着陆探测，通过着陆器配置的地形地貌相机、降落相机、月球中子及辐射剂量探测仪，月球车配置的全景相机、红外成像光谱仪、测月雷达、中性原子探测仪、导航相机等探测载荷，获得了月球背面大量一手科学数据。

为了利用好这些宝贵的数据资料，国家航天局专门成立核心科学家团队，合理制定研究机制，提前开展探测数据预先研究；获得数据后，与国家自然科学基金委员会合作，共同支持科学家的研究工作。

在高效的研究机制下，在高质量的科学数据基础上，通过核心科学家团队的共同努力，首次月背探测任务取得了丰硕的科学成果，大部分成果在国内外权威期刊发表，国际反响强烈。

月背物质组成

玉兔二号月球车光谱数据分析表明，嫦娥四号着陆巡视区主要矿物为斜长石，其次是辉石（低钙辉石多于高钙辉石），而橄榄石较少。

这表明南极 - 艾特肯盆地基底很可能不是简单挖掘暴露出的原始月球深部物质或撞击熔融湖中分异结晶等单一成因的物质，而是多个物源的混合产物，说明了南极 - 艾特肯盆地成分和地质过程的复杂性。

月背地貌特征

根据玉兔二号在多个停泊点拍摄的全景立体影像图，科研人员发现着陆区的整体地形东北高、西南低，在东南至西北方向有波浪状的起伏。这些地形起伏不是由小的撞击坑引起的，而可能是堆积在平坦玄武岩基底之上、至少两层来自周围撞击坑的溅射物。

月球表层结构

采用玉兔二号搭载的测月雷达，人类开展月球背面首次就位雷达探测。该雷达包括低频和高频两个通道，低频通道旨在探测巡视路线上的次表层结构，高频通道的主要科学目标是探测浅表层月壤内部结构与厚度。根据雷达数据划分了三个主要的地质单元：第一层 0 ~ 12 米，为细粒月壤层，物质粒径大多数小于 1 厘米，内部的石块较少；第二层 12 ~ 20 米，为细粒月壤与破碎石块混合的溅射物层，其中夹杂着大量的石块；第三层 20 ~ 45 米，为粗粒与细粒物质的交替叠置。

测月雷达低频通道穿透至月表下约 400 米的深度。对表层 100 米以内的物质来源，一些观点认为此层物质主要是来自不同撞击坑的溅射物；另一些分析则认为深度 40 ~ 100 米的物质主要是受后期扰动较小的月海玄武岩，其中夹杂着一些火山碎屑沉积物。更深的物质由多层玄武岩组成，对应雨海纪时期冯 · 卡门撞击坑内的多期月海岩浆活动。玄武岩层之间夹杂了多层古风化壳及更古老的撞击溅射物。

巡视区月壤和碎石特性

玉兔二号搭载的测月雷达数据表明，嫦娥四号着陆区月壤中的石块含量远远低于嫦娥三号。在垂向剖面上，嫦娥四号着陆区月壤物质的平均粒径随深度增加，着陆区的整体岩石丰度很低，是成熟月壤的典型特征。

巡视路线上的月壤厚度约为 12 米，表明嫦娥四号着陆点的月壤厚度所对应的月壤生成速率可能远大于月球表面正常的月壤生成速率。利用全景相机获取的立体影像，分析玉兔二号的车辙在月壤中留下的地形痕迹，并采用岩土力学方法估算嫦娥四号着陆点的月壤物质的强度，发现嫦娥四号着陆点的月壤成熟度很高，月壤的强度比嫦娥三号和月球 17 号等较“年轻”的探测区域高，揭示了局部地形和空间风化速率对月壤强度的相对影响。粘在轮子上的土壤表明嫦娥四号着陆区月壤的凝聚力比在月球其他着陆点的更强。

玉兔二号高频雷达数据表明，当地的月壤与嫦娥三号着陆区相比是由细粒的、低损耗的材料组成的。

月壤中的撞击玻璃

利用玉兔二号导航相机获取的数据，发现了多粒厘米级直径的半透明的玻璃球，这是国际首次发现的手标本大小的半透明月球玻璃球。使用全景相机数据分析这些透明玻璃球的颜色、形态和产出特征，发现这些玻璃球不是月球火山活动或外来撞击体直接降落的产物，而是成分特殊的撞击玻璃。换句话说，这类玻璃球可能是多次撞击事件形成的，可能是月球高地月壤上常见的物质。它们无疑是记录月球高地早期撞击历史的关键信息载体。这项发现对撞击机理研究具有重要的指示意义。月球高地上形成的古老撞击盆地可能也形成了大量的此类玻璃球，其形成年龄是反演内太阳系早期撞击历史的重要信息。

着陆巡视区地质演化

利用玉兔二号携带的全景相机、可见光 - 近红外光谱仪和探月雷达获得的大量科学数据研究表明，着陆点和巡视区的表面物质主要是来自一个较新撞击坑（芬森撞击坑）的溅射物，其下为多期次的撞击坑溅射物和冯·卡门撞击坑内的多期次玄武岩。

利用撞击坑统计定年法，得到嫦娥四号着陆区各个玄武岩地质单元的年龄在 22.8 亿～ 34.2 亿年之间。基于遥感解译的结果和嫦娥四号就位探测的结果，着陆巡视区的地质演化存在一个序列：在前酒海纪时期，冯·卡门撞击坑形成，之后一次撞击（形成莱布尼兹撞击坑）溅射物覆盖了冯·卡门撞击坑坑底的部分区域；在 32 亿～ 37 亿年前之间，月海玄武岩（月球岩浆喷发物质）填充了冯·卡门撞击坑内部的部分区域；在这些玄武岩填充期间，很可能混入了另一个撞击坑（阿尔德撞击坑）的溅射物；玄武岩填充完成后，受到了多个新撞击坑（包括东海盆地在内）远端溅射物的覆盖；在此之后，最新的撞击坑（芬森撞击坑）的溅射物覆盖到了嫦娥四号着陆巡视区的最表层；这些表层的物质经历了长时间的后期改造，部分区域混入了月球外部的物质。

10

多项科学技术试验，推动相关领域发展

月夜温度测量试验

月球会经历约 14 个白天和 14 个黑夜的周期变化。在长达 14 个地球日的月夜中，没有太阳能供应，月面温度会迅速降低，给月面探测器应对月夜的设计带来极大的困难。我国的嫦娥三号月球着陆器和巡视器在设计时参考了国外给出的月夜期间月面最低温约 -180℃的数据，而我国还没有自己直接测量的第一手数据。为进一步深入认识月球的特性，获取月壤吸热与导热特性，为后续工程积累数据，嫦娥四号探测器开展了月夜期间月表月壤温度的测量。

嫦娥四号着陆器上搭载了月夜温度采集器。由于月夜没有光照，无法使用太阳能为采集器供电，工程师们统筹利用为着陆器保温的 120 瓦放射性同位素热源的热能转换成电能，形成瓦级放射性同位素电源。月夜温度采集器由放射性同位素电源供电，定时完成数据采集。在进入月夜和出月夜两段时间，浅层月壤温度变化剧烈；月夜期间，温度变化非常缓慢。进入月夜后，浅层月壤温度快速下降，在太阳高度角刚达到 0° 时，浅层月壤温度降为 220 开尔文（约 -53℃），此后 1 小时内，浅层月壤的降温速率达到了 30 开尔文 / 小时。月壤温度不断下降的同时，降温速率在不断减小，在 12 小时后，浅层月壤降低到了 120 开尔文（约 -153℃）。降温速率减小到 1 开尔文 / 小时，进入了温度缓慢下降的过程。出月夜前，浅层月壤温度以每天 0.6 开尔文的速率在下降，最低温度达到了 78 开尔文（约 -196℃）。

图 5-9　测温点位置

嫦娥四号着陆器是国际上首次对浅层月壤温度进行直接测量。从阿波罗 15 号和 17 号、嫦娥四号的测量结果分析得出，月夜最低温度水平随纬度的降低而升高，纬度从 45° 降低到 17° ，月夜阶段月壤浅层最低温度升高了 24 开尔文。

远距离激光测距试验

激光测距是以激光器作为光源，对所测目标进行精确距离测量。卫星激光测距是利用安装在地面上的激光测距系统所发射的激光脉冲，跟踪观测装有激光反射装置的卫星，以测定地面测站到卫星之间的距离的方法。这是卫星单点定位精度最高的一种测距方法，可以精确测定卫星的精确轨道参数、地面测站的地心坐标等，大大提高卫星定轨能力。

嫦娥四号任务中，在鹊桥号中继星上搭载了一个激光角反射器，并升级改造云南天文台 1.2 米口径激光望远镜，形成远距离激光测距系统，通过精确测定激光脉冲从地面测站到鹊桥号中继星反射器的往返时间，从而计算地面测站到中继星的距离。中继星到达距离地球大约 45 万千米的地月拉格朗日 L2 点使命轨道后，利用其携带的激光三角反射器，测定其与地球之间的距离，测距精度可达到米级。

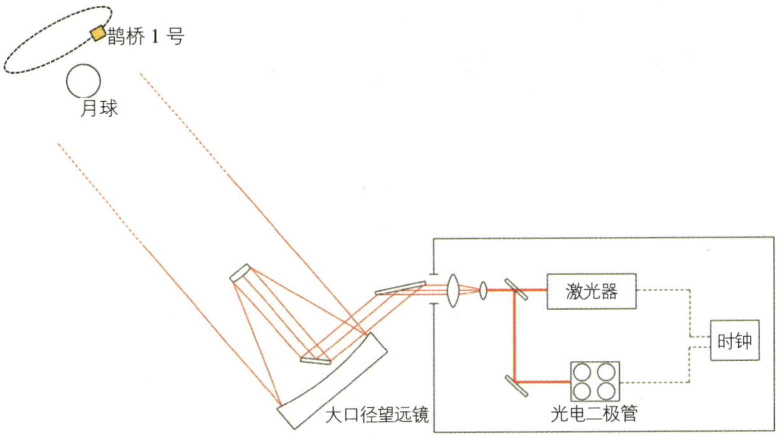

图 5-10　鹊桥号中继星激光测距原理图

鹊桥号中继星激光测距试验是人类首次在月球以远的距离进行的反射式激光测距试验，有助于提升中国月球激光测距、深空卫星激光测距和深空卫星定轨的技术能力。

生物科普试验

为进一步激发青少年的航天热情、提高公众航天参与度，国家航天局发布了在嫦娥四号任务中搭载科普载荷的征集通知。在200多份提案中，生物科普试验最受关注。经过科学目标的先进性和工程实现的可行性论证，最终决定在嫦娥四号上开展一次生物科普试验，来了解在与地球不同重力、温度及辐射环境的月球上种子萌发、植物生长发育、虫卵孵化等生命过程。

生物科普载荷搭载在着陆器上，这是一个高度密封的抗压铝罐，罐内有种床、土壤、水、空气、热控装置、环境监测设备及监视相机等。种床上预埋了棉花、油菜、土豆、拟南芥种子及酵母和果蝇虫卵6种生物，形成一个具有生产者、消费者和分解者的简单微型生态系统。着陆器落月后，将生物科普载荷开机并放水。2天后，相机传回的数据表明，一粒棉花种子已经发育出胚根，之后慢慢长大；落月9天后，相机传回的图片里已明显出现了一片绿叶，这成为寂寞月背上的一道亮光，给荒凉的月球带来了生的希望。

图 5-11　生物科普试验载荷实物图

图 5-12　实拍月面生物试验棉花种子长出的第一片绿叶

嫦娥四号生物科普试验是人类第一次月面生物生长试验，首次展示了月面环境下的生命现象，在国际上引起了强烈反响。生物科普载荷在落月后第 9 天，着陆区进入月夜后断电，生物生长停滞。在后续漫长的岁月中，所有的生物将在密闭的生物罐中永久封存，并慢慢分解成无害的有机物。

首次发射月球轨道微卫星

在鹊桥号中继星发射任务中，借助火箭运载余量，搭载发射了 2 颗均约 47 千克重的微卫星（龙江一号、二号）。两颗微卫星与中继星一同发射，待中继星与运载火箭分离并达到一定距离后，两颗微卫星先后与运载火箭分离，独立奔月。两颗微卫星将在环月轨道组成编队，开展超长波天文观测。

可惜的是，龙江一号在奔月的第 2 天，由于动量轮故障导致卫星高速旋转，无法及时捕获地面测控指令而失联。龙江二号则按计划顺利进入环月轨道，开展了相关科学探测。龙江二号搭载了沙特阿拉伯提供的一台月球成像相机，在轨正常工作，获取了月球多个区域及地月合影等图像。

图 5-13　龙江二号微卫星实物图

图 5-14　龙江二号微卫星微型相机拍摄的地月合影

龙江二号成为首个独立完成地月转移、近月制动、环月飞行的微卫星，验证了深空探测微纳卫星平台技术，推动了微纳卫星在深空探测领域的应用。同时，龙江二号实现了国际首次 VHF（甚高频）/UHF（超高频）业余频段月球轨道对地通信及 VLBI 测定轨试验，通过与多个国家高校、研究机构和天文爱好者团队的合作，提高了国际影响力。龙江二号搭载的由高校学生研制的微型 CMOS 相机实现了图片的拍摄与下传，其中一张地月合影刊登在 2019 年 2 月份的《科学》杂志上，成为最美的地月合影。

延伸阅读

放射性同位素热源／电源

在我国嫦娥三号和嫦娥四号任务中，为了使着陆器和巡视器安全度过 14 个地球日没有太阳能的漫长寒冷月夜（约 -196℃），确保月昼时正常工作，二者均装配了放射性同位素热源。此外，嫦娥四号为了完成月夜温度采集任务，还利用其中一枚同位素热源改造为同位素电源，为月夜温度采集器提供工作所需的电源。

放射性同位素热源是利用放射性同位素自发衰变产生的热量为设备保温的装置。将同位素热源产生的热量转换为电能的装置称为同位素电源。多种放射性同位素均可作为热源的原材料，但从功能需求、性能稳定性及放射性等多方面综合考量，只有几种放射性同位素能够作为热源的材料。考虑空间任务的重量体积等资源有限性和高可靠性要求，一般采用半衰期为 87.1 年的钚 -238 作为同位素热源 / 电源材料。

放射性同位素热源由于其自发性特点，一旦产品状态确定，其性能不受使用环境影响，可以持续稳定地为设备供热。同位素电源需将同位素衰变产生的热量转换为电能，转换方式称为电源性能的决定因素，较常用的方式有温差发电、斯特林发电，近年来也提出热光伏发电的方式。目前空间任务主要采用温差发电方式。

放射性同位素热源 / 电源有寿命长、功率密度大、质量和体积小、热功率稳定、性能可靠等特点。这些特点是它极受空间任务青睐的主要原因。未来我国月球和深空探测任务频繁，面对月球的长周期月夜、火星上的沙尘天气及木星以远太阳能微弱（太阳光照强度只有地球的 4%）的恶劣环境，放射性同位素热原的应用将更加广泛。但随着探测任务功率需求的增大（> 1 千瓦），同位素热源的应用也会因其成本（钚 -238 原材料是从核电站的核废料里提取的，含量少、工序复杂、成本极高）、比功率等原因受到限制，而被空间核反应堆电源（将核裂变反应产生的能量转换为电能，为空间飞行器提供能源的装置）代替。

第六章

第一次月面采样返回

——嫦娥五号的故事

01 首次实现月球采样返回

2020 年 11 月 24 日，嫦娥五号探测器在海南文昌发射场采用长征五号运载火箭发射入轨，11 月 28 日进入环月轨道，11 月 30 日组合体分离，12 月 1 日在月球正面预选着陆区——月球风暴洋吕姆克山区北部（西经 51.8°、北纬 43.1°）着陆，采用月面钻取和铲取两种方式，采集月壤并进行封装。12 月 3 日，上升器在月面起飞，携带月球样品进入环月轨道。12 月 6 日，上升器与环月等待的轨道器交会对接，并将样品转移到返回器中，上升器分离。轨道器乘返回器环月等待月地转移窗口，至 12 月 13 日经月地转移入射后返回地球。在距地球 5000 千米高度，轨道器释放返回器。12 月 17 日凌晨，返回器携带月球样品成功在预定着陆场——内蒙古四子王旗着陆。返回器运回北京后开舱，将样品容器取出并称重，共获得月球样品 1731 克。12 月 19 日，国家航天局举行交接仪式，将样品委托中国科学院主管的地面应用系统进行样品存储、制备、处理及初步分析等工作，样品的研究工作拉开序幕。

嫦娥五号任务顺利实现了探月工程第三步——“回”。与以往的任务比，嫦娥五号突破了月面起飞上升、月面自动采样封装、无人月球轨道交会对接和样品转移、月地转移入射和高速再入返回、地面样品存储和制备等关键技术。通过对返回样品的研究，获得了月球样品粒径、堆积密度、矿物组成、化学成分等月壤特性，对认识月面着陆区——风暴洋乃至月球晚期的热演化具有重要意义。

嫦娥五号实现了我国首次地外天体采样返回，工程系统复杂，突破的一系列关键技术将为未来我国开展月球和行星探测奠定坚实基础。月球样品的地面分析，已在月球形成过程、地质演化及物质组成上取得了新成果，将大大提高人类对月球及比较行星学的认知。

02 嫦娥五号探测器

嫦娥五号探测器与以往的月球探测器不同，为满足采样返回任务需求，它的设计极其复杂。嫦娥五号探测器由轨道器、着陆器、上升器与返回器 4 部分组成，这 4 部分各司其职，共同完成月球样品采集和科学探测任务。

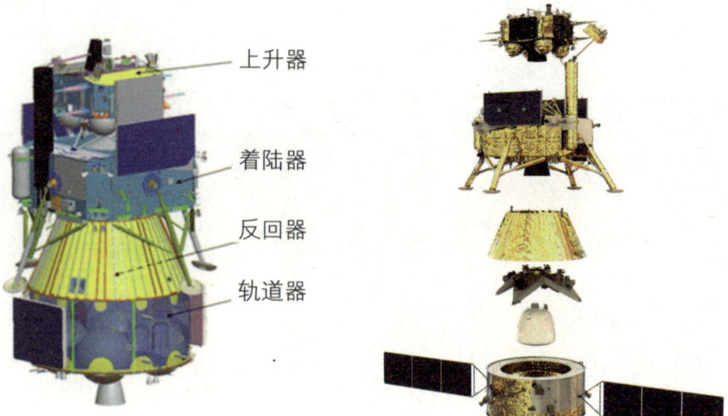

图 6-1　嫦娥五号探测器组合体及分解图

嫦娥五号探测器组合体看起来像一座宝塔，也像一枚小火箭。4部分从下至上逐层叠加。轨道器在最底层，像个塔基，也是“小火箭”的推进级，负责推动整个探测器完成地月转移、环月飞行及月地转移等工作，还在月球轨道与上升器进行交会对接及样品转移。轨道器的肚子是用来装返回样品的返回器的。对接支架就像四角的海星一样趴在轨道器肚子上，将返回器保护起来。着陆器通过裙状支架与轨道器固定，其大致外形与嫦娥三号、四号类似，但又明显多了一个“大烟囱”——包裹起来的钻取采样装置。着陆器负责携带上升器在预选着陆区着陆，勘查采样区月壤，选定采样点并进行采样。着陆器顶板上装有铲取机械臂，在采样时像一个长长的触手一样，在月面挖土。着陆器顶上是承担任务最艰巨的上升器，负责将着陆器采到的样品带到月球轨道，并与轨道器对接，将样品移交给轨道器内的返回器。返回器携带月球样品，在轨道器将其送回地球再入轨道后，通过弹跳的方式穿过地球大气层，在着陆前依次“吐”出两个“大蘑菇”（减速伞），然后缓缓降落在地面。

嫦娥五号探测器总重约8.2吨，发射收拢状态包络尺寸约为4.4米 ×7.2米。探测器共包括15个分系统：结构、机构、测控数传、天线、数管、供配电、热控、采样封装、工程参数测量、GNC、推进、回收、对接机构与样品转移、分离机构和有效载荷。其中，采样封装、回收、分离机构、对接机构与样品转移分系统是本次任务特色分系统。

03

嫦娥五号为什么选了新的发射场

嫦娥五号采样返回任务前，我国一共实施了 4 次任务，6 次发射（嫦娥一号、二号、三号、四号，鹊桥号中继星和再入返回飞行试验）均在西昌卫星发射中心进行发射。而嫦娥五号改变了出发地，选择在海南文昌发射场升空，这是为什么呢？

其原因主要是嫦娥五号探测器重量大，需选择运载能力与之匹配的运载火箭——长征五号发射。长征五号运载火箭是中国新一代运载火箭中运载能力最大的，采用了 5 米直径芯级，内陆的公路、铁路运输条件均无法满足要求。从发射空间站、月球探测器等大型航天器的角度，为了最大程度地发挥火箭的运载能力，理论上发射场的纬度越低、越靠近赤道越好。在多种因素的衡量之下，经过综合比较选址，在文昌建设了我国专用于新一代运载火箭的发射场。

我国现有 4 个航天发射场，即酒泉、太原、西昌和文昌，分别承担不同型号火箭和卫星的发射任务。文昌发射场是为新一代运载火箭专门建设的发射场，与内陆三大航天发射场配合，形成战略布局合理、高低纬度配合、沿海内陆结合、多射向范围综合的航天发射体系，大大提升了我国航天综合发射能力。文昌航天发射场主要承担中国空间站建设、月球和深空探测器等重大航天发射任务。

文昌航天发射场作为航天发射场的后起之秀，有三大突出优势。首先是纬度低，发射效率高，火箭发射时可借助地球自转接近赤道位置的优势获得较大线速度，减少推进剂消耗，延长航天器的在轨寿命。其次是运输便捷，背靠清澜港码头，大型火箭可通过海运抵达发射场，解决了大直径火箭的运输难题。另外，射向范围广，覆盖 90° ～ 175° ，朝向南太平洋，主射向上安全性好，火箭残骸和整流罩落区容易选择。

文昌航天发射场由我国自主设计建造，绿色生态环保，集成了我国航天测发领域最前沿、最先进技术，标志着我国已跨入世界大吨位火箭发射行列。根据新一代运载火箭发射需要，我国实现了低温推进剂大流量加注、大流量储运技术突破，同时实现了“新三垂一远”（垂直组装、垂直测试、垂直转运、远程发射）的测试发射模式，减少了发射区工作时间。

04 嫦娥五号如何月面取样

嫦娥五号任务的总体目标是，采集约 2 千克由表层与深层月壤构成的样品。为了完成目标，嫦娥五号采取了钻取采样与铲取采样两种方式，在丰富月球样品多样性的同时，两种手段也可以互为备份。

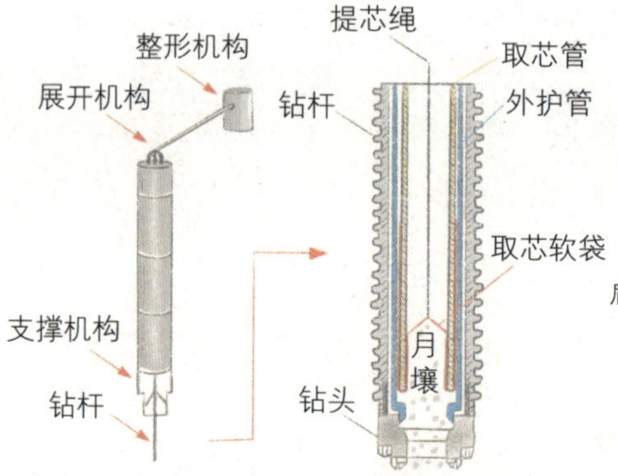

图 6-2 钻取采样装置示意图

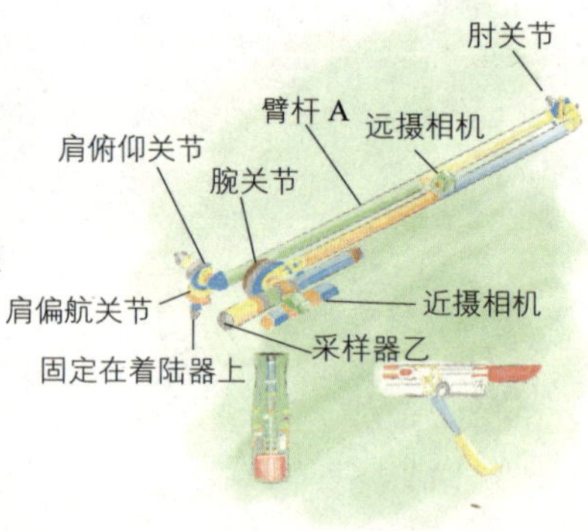

图 6-3 铲取采样装置示意图

钻取采样

嫦娥五号首先开展的是钻取采样。钻取采样就是利用着陆器携带的钻取装置，钻到月球表面以下，得到深层月球样品。钻取样品采集深度可达 2 米左右，并且不破坏月壤从上到下的原始层理信息。

钻取采样过程大致可以分为钻具钻进、软袋取芯、提芯整形、封装转移等环节。

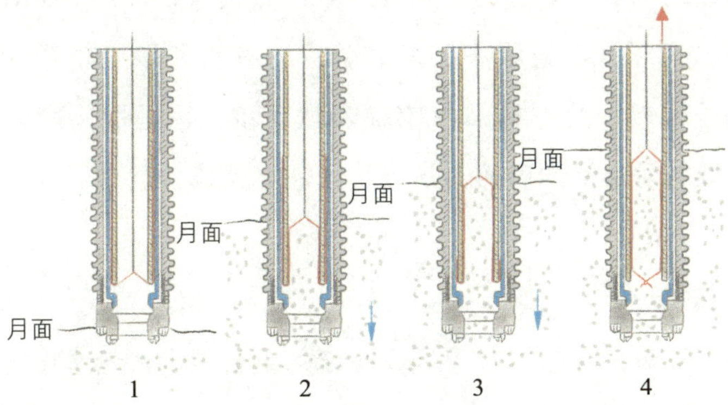

图 6-4　嫦娥五号月球样品取芯过程示意图

1. 钻取之前；2、3. 钻取过程中；4. 完成样品获取并进行封口，提芯绳上提

钻具钻进

取芯钻具安装在着陆器上，由空心钻杆、钻头、取芯机构、驱动系统和支撑机构等组成。

在钻进取样过程中，加载机构驱动，钻进机构整体向下钻进，钻头对月壤进行切削，月壤进入空心钻杆。针对钻进过程可能遇到坚硬岩石的情况，钻具通过 3 台驱动电机，分别赋予钻杆向下运动的钻压力、钻杆旋转切削力、粉碎石块的冲击力，实现了“回转”“冲击”和“回转+冲击”三种钻进模式，同时采用双排钻牙阶梯构型，使钻具形成多个切削面，可以对不同颗粒度月壤进行切削、拨、挤、排等能力。

软袋取芯

钻杆内部有一根硬质的空心取芯管和一根外护管（保护软袋不受钻杆的摩擦损坏），取芯管外壁包覆一层由芳纶材料制成的取芯软袋。当钻杆和钻头旋转钻进时，取芯管和外护管均不回转，随着钻杆同步深入月面并向下移动，样品不断被挤入取芯软袋，完成月球样品的获取。取芯软袋完成月球样品获取后，封口器对软袋进行封口。由于取芯过程中，取芯管、外护管和取芯软袋（两管单袋）均不回转，月球样品由软袋内翻逐步包裹提取，避免了月球样品与取芯管之间的摩擦，从而防止破坏月壤的层理，并可提高取芯率。

提芯整形

取芯软袋是一条内径不到 2 厘米的细长袋子，无法直接放入盛装样品的初级封装容器中，因而需要进行整形，使其符合装入容器的形状要求。初级封装容器设计为卷筒形，位于上升器的顶端。取芯软袋连接一段数米长的提芯绳，提芯绳另一端连接于整形装置的卷筒上。取样封口后，卷筒转动，提芯绳在卷筒上原位缠绕，带动盛有月球样品的取芯软袋缠绕至卷筒上，从而把钻取样品转移到初级封装容器中，这个过程称为“整形”。

封装转移

样品采用二级封装方式，即初级样品封装容器完成一级封装后，再由密封封装装置进行二级密封封装。初级封装容器安装于密封封装装置的上方。钻取样品完成整形并装入初级封装容器后，打开密封封装装置的口盖，切断初级封装容器与整形机构的连接锁，初级封装装置在弹性装置和重力作用下进入密封封装装置内，从而完成钻取样品转移。

铲取采样

钻取采样转移后，开始铲取采样。铲取的过程相对简单，就是着陆器携带的机械臂展开，用前端的铲子选取着陆区附近月面的土壤，铲挖一部分样品后，机械臂移动将样品倒入样品桶中，即完成采样。样品桶进行铲取样品的初级封装后，转移至已放置在上升器密封封装装置的钻取初级封装容器的空腔中。

完成两种样品初级封装转移后，关闭密封封装装置密封盖，完成二次封装。整个取样过程结束。

05

嫦娥五号取样返回为何采取接力方式

嫦娥五号实现我国首次无人月球采样返回，它通过多器多段接力的方式，完成一次月球采样 1731 克返回，创造了一种无人月球采样返回的新模式。

美国通过阿波罗计划 6 次载人登月任务（阿波罗 11 号、12 号、14 号、15 号、16 号、17 号），由航天员选样带回共 382 千克的月球样品；苏联进行 3 次月球号无人采样返回任务（月球 16 号、20 号、24 号），共带回 326 克月球样品。

美国载人登月任务探测器主要由 3 部分组成：登月舱、指令舱和服务舱。登月舱分为上、下两级，上升段负责将人在完成月面工作后，送回月球轨道，与等待在月球轨道的指令舱和服务舱对接，宇航员带着月球样品等转移到指令舱后，抛离登月舱的上升段。服务舱推着指令舱返回地球一定高度后与之分离，指令舱返回地面。

图 6-5　美国阿波罗计划载人登月飞船组成示意图

苏联月球号采样返回探测器，重量为 5000 ～ 6000 千克，主要分为下降级和上升级，下降级位于下部，负责月面降落和采集月球样本；上升级位于上部，负责在月面起飞及月地转移，并把装有月球样品的返回舱送回地球，在距地球 4.8 万千米时，抛出返回器。返回器高速再入大气层，在 14.5 千米高度通过降落伞减速返回地面。

嫦娥五号探测器由轨道器、着陆器、上升器和返回器 4 部分组成，它们各司其职，分段工作，接续完成采样返回任务。为什么嫦娥五号探测器不像苏联月球系列采样返回器一样，直接落月、采样后月面起飞，直接将样品送回地球，而是要像美国阿波罗载人登月任务一样，采用接力方式把样品从月球送回地球呢？

分段实施，减少地球和月面起飞燃料需求

嫦娥五号探测器总重约 8.2 吨，若将类似质量的探测器着陆月面，反推制动力所需推进剂将大幅增加，探测器发射质量现有运载火箭无法承受。上升器与着陆器分离，独自起飞，将大大降低月面

起飞重量，从而减少克服月球引力需要消耗的燃料。

减少返回质量，增加精准控制

返回器与轨道器分离，独自进入地球大气层，减少了返回航天器的质量，减少姿态控制系统压力，从而降低跳跃式再入大气层的控制难度，并且用较小降落伞即可实现落地减速，实现精准着陆。

多器接力，验证载人登月关键技术

采用四器组合，以及月面起飞、月球轨道交会对接和跳跃式再入地球大气层方式，在一定程度上验证了未来载人月球探索任务的相关关键技术，为后续载人登月积累经验。

总之，嫦娥五号采用四器多阶段接力方式，是保证完成采样任务、最大限度地减小探测器质量、节省能量的方案，还能先期验证部分未来任务关键技术，无疑是最合理、最巧妙的方案。

06

惊心动魄的月面起飞

2020 年 12 月 3 日 23 时 10 分 21 秒，嫦娥五号上升器点火。在指令发出的一瞬间，地面指挥大厅里一片宁静，透着一股紧张。上升器能否正常起飞？起飞后能否进入预定轨道？样品能否顺利带回地面？这一连串的担心伴随着祈祷，在每一个探月人的心中和脑海中不停回荡。当回传的数据显示发动机正常点火，画面中也真实看到上升器已平稳起飞时，伴随着热烈的掌声，在场人的心才稍稍放松下来。这个关键的、完美的起飞给了探月人顺利完成后续一系列复杂动作的坚定信心。

嫦娥五号上升器月面起飞是中国探月历程中的首次，相当于一次月面发射。与从地球上发射航天器相比，月面发射有许多不同，也为工程实施带来了重重困难：一方面，发射环境不同，月球引力只有地球的 1/6，且重力场分布不均匀；落月点的地理位置和环境在探测器从地球出发前不能完全确知。另一方面，发射条件不同，此次月球发射，没有专门的发射塔架及相关辅助设施设备，不能由技术人员在发射前进行现场测试和操作，事先也没有起飞初始基准与起飞平台姿态数据。这些苛刻条件使上升器月面发射面临严峻挑战，研制和飞控人员必须提前做好充足的应对准备，并在地面充分验证后，才能确保万无一失。

应对不同的月面条件

月球表面环境复杂，着上（着陆器与上升器）组合体一旦降落在过度倾斜的坡地或凸起、下凹之处，着陆器可能会处于过度倾斜或不稳定状态。为了确保成功起飞，一方面在着上组合体下降过程中，通过避障措施寻找理想的平坦落区，给上升器起飞创造有利条件；另一方面，为应对可能出现的不利局面，研究人员经过艰苦攻关，突破了 20° 左右的斜坡仍能确保上升器顺利起飞的关键技术。最终，嫦娥五号着上组合体成功降落在预选着陆区，组合体倾斜角度 2°，上升器几乎以完美姿态飞离月面。同时，为实现在月面的高温环境点火起飞，3000 牛主发动机做了大量适应性设计和验证。

应对初始发射条件

上升器从月面起飞，没有专门的发射塔架或发射平台系统，只能将着陆器作为临时的发射台。首先，与运载火箭在地面发射场发射具备固有的发射位置、姿态及起飞初始基准不同，上升器在月面起飞准备之前，需要天地联合测定发射点的位置、自主完成姿态确定和对准。其次，运载火箭在地面发射场发射时，发射台下方有一个巨大的导流槽，用于导排发动机尾部喷出的羽流——高温高速燃气流，以防止前冲和反射的高温高速燃气流烧坏发射设施和火箭尾部，导致发射失败；但作为上升器的临时“发射台”，嫦娥五号着陆器没有导流槽，3000 牛发动机喷管离着陆器顶板仅 20 厘米，科研人员巧妙地设计了一个小型导流锥，以保证发射稳定性和安全性。另外，上升器点火起飞面临的再一个严峻考验是热防护问题，由于 3000 牛发动机深嵌在上升器内部，发动机工作时将不断地向四周辐射高温，如不采取防热措施，上升器会被烤坏。为此，科研人员采取了增加隔热屏的热防护方案，以保护上升器免受损坏，确保月面起飞和上升的顺利实施。

应对短时间精确入轨

从上升器的 3000 牛发动机点火起飞到发动机关机并进入目标轨道，只有 6 分钟。在这么短的时间内，38 万千米带来信号时延，地面人员根本来不及进行干预，3000 牛发动机一旦点火，上升器必须自主完成整个起飞上升过程。研制人员创新设计了 GNC 分系统控制算法，使飞控人员可以在上升器起飞时将相关控制指令和飞行程序发送给上升器，实现上升器自主控制和故障处理。此外，为了消除起飞平台倾斜的影响，使上升器纵轴垂直于月面，上升器安全起飞大约 1 秒后进行飞行姿态快速调整；飞行过程中，针对月球重力场数据、发动机推力和指向及敏感器的测量等误差，GNC 分系统不断获取上升器飞行姿态、速度和位置并进行计算，提供调整策略，通过多台发动机进行方向把控和姿态调整，不断修正上升器飞行轨迹，确保上升器沿设定的飞行路线到达目标轨道。最终，上升器入轨精度优于 5 千米，完美实现了我国探测器首次地外天体表面起飞上升和高精度入轨。

应对有限的燃料预算

由于远途奔月的嫦娥五号的质量限制，上升器携带的燃料十分有限，这些燃料不仅要用于上升器月面起飞和上升，还要用于与轨返（轨道器与返回器）组合体进行交会对接而实施的轨道机动。所以，上升器需要一条最省能量的上升轨道，以使剩余的推进剂满足后续交会对接的需要。上升器从月面起飞后的实际飞行路线，是在起飞之前确定的。因此，地面飞控人员根据着陆器、上升器在月面上的位置和姿态，以及当时环绕月球运行的轨返组合体飞行数据，为上升器计算出最佳的飞行方向和飞行参数。上升器将根据确定的飞行方向和飞行参数，在 GNC 分系统控制下，沿一条最佳路线精确到达目标轨道。

应对短暂的发射时机

不论在地球还是在月球，航天器发射都涉及发射窗口问题。与在地球上发射火箭不同，能满足上升器与轨返组合体交会需要的发射窗口非常窄，因而必须把握好宝贵的发射机会。由于月球自转周期接近一个月，一旦错过发射机会，要再过一个月才能等到与轨返组合体交会的新窗口，这对上升器而言无异于“判了死刑”，其将在最低可达 -190℃的漫漫长夜中耗尽能量，而绕月等待的轨返组合体也将消耗过量推进剂，从而导致任务失败。因此，地面飞控人员根据轨道器的轨道、交会对接时机及测控、光照等要求，精准确定发射窗口，并密切关注上升器状态、精准操作，使其从月面准时起飞，实现了月面零窗口起飞。

07

艰难的月球轨道交会是怎样完成的

交会对接是指两个航天器在轨道上会合，并在轨道上以相同的速度实现结构上连成一个整体的过程。嫦娥五号上升器月面起飞并进入环月轨道，与等待在环月轨道的轨返组合体进行交会对接，是人类航天史上首次在地外天体轨道上进行的无人交会对接。

美国在20世纪实施了阿波罗载人登月计划，在宇航员完成月面作业后，驾驶上升段登月舱进入月球轨道，与等待在月球轨道上的指令舱和服务舱组合体进行对接，实现了有人驾驶的月球轨道交会对接。美国主导的国际空间站和我国的载人航天工程，在近地340～400千米轨道，实现了地球轨道有人和无人的交会对接。即使有了这些经验，嫦娥五号要想在无人的情况下进行月球轨道交会对接，也需要克服多项挑战，并在轨精准完成一系列惊险环节，才能顺利完成对接任务。

交会对接的难点

地月距离遥远，高精度对接实施难

嫦娥五号上升器和轨返组合体进行对接时，两个航天器的相对位置误差要控制在 5 厘米以内。以往，对绕地球运行、距离地面 300 ~ 400 千米的飞船进行地面测控，精度可达厘米级。而对 38 万千米之外的月球探测器进行测控时，地面测控精度一般为千米级。对于嫦娥五号月球轨道交会对接高精度测控需求，需要克服以往地面测控精度不足的难题。在探月三期工程中，随着嫦娥五号任务的实施，地面测控系统建设了阿根廷深空测控站，形成了全球布局的深空测控网，提高月球轨道交会对接远程导引半长轴精度优于 30 米。同时，上升器和轨道器加强自身测量装备，苦练自主控制技术，以实现在轨高精度对接。

月球引力环境复杂，精确轨道控制难

月球的重力异常现象及非球形引力等因素，对围绕月球高速飞行的两个航天器的运行轨道会产生扰动，造成轨道偏移，同时也给地面对航天器的轨道控制带来影响。在月球轨道两个航天器需要交会对接的情况下，两器的环月轨道要求在同一个轨道面内，且在同一个轨道高度，然后逐渐接近、对准，从而实现对接。这就要求在对接过程中，轨道控制策略必须考虑月球不均匀重力场对两个航天器轨道的影响因素，以实现精准轨道控制。

两个航天器质量差异大，对接速度控制要求高

上升器与轨返组合体进行交会对接时，轨返组合体的质量约为 2300 千克，上升器的质量仅约 400 千克，两个航天器的质量差异很大，一旦速度控制稍有偏差，发生两器碰撞，就会像大球撞小球一样，上升器有可能被撞飞，导致对接失败。

为了避免这种情况发生，一方面，飞控人员重新定义了两个航天器的角色，轨返组合体作为主动方追逐上升器；对接过程中，通过精确控制轨返组合体的速度，逐渐减小两个航天器的相对速度，直到两器接触时相对速度降至0米/秒，避免碰撞。另一方面，研究人员为嫦娥五号专门研制了新型抱爪式对接机构，在轨返组合体追上上升器并以相同速度飞行的过程中，对接机构从后面伸出抱爪牵住上升器，就像是两个人牵手成功，然后逐渐拉近握紧，实现可靠捕获、高精度对接。

图 6-6　抱爪式对接机构

月球遮挡测控不连续，交会对接时机把握难

在月球轨道上进行交会对接，上升器和轨返组合体要围绕月球飞行。从地面看，航天器绕月球运行一圈有近半圈在月球的背面，这时，地面上的测控站看不到它们。因而，地面测控系统对两个航天器进行的测控是不连续的，与载人航天器在地球轨道上交会对接相比，测控难度大大增加。

为了应对这个难题，研制人员提出了一种新的四脉冲交会策略，通过引入径向变轨控制量，固定各次变轨点位置，确保在月球背面测控遮挡约束下，各次变轨全过程测控可见。地面飞控人员对测控任务进行提前规划，优化测控计划和监视流程，一方面提前向航天器注入必要的延时指令，另一方面设法使关键控制环节处于测控区内，确保对交会对接的可靠支持。

对接时间短，航天器姿态和位置精准控制难

嫦娥五号上升器与轨返组合体在轨高速飞行，整个对接过程只有 21 秒，必须一气呵成，不容有失。而且，两个航天器的能源和热控支撑时间非常有限，也需要在短时间内完成对接。如果交会对接不能一次成功，因地月位置关系发生变化，将会错过月地返回窗口。为此，研究人员为轨道器的 GNC 系统配置了微波雷达、激光雷达、交会对接光学成像敏感器等测量敏感器，并在上升器上安装了与这些敏感器对应的合作目标，用于精确测量两个航天器之间的距离、相对速度、角度等数据。除此之外，轨道器和上升器上还装有若干太阳敏感器、星敏感器、陀螺组合件、加速度计组合件等各类敏感器，配置了各种发动机或推力器，用于姿态和轨道控制，以确保嫦娥五号交会对接任务顺利实施。

交会对接的环节

从轨返组合体进行交会对接准备，到完成月球轨道交会对接和分离，整个过程分为 6 个阶段，即轨返组合体调相段、远距离导引段、近距离自主控制段、对接段、对接组合体运行段、分离段。

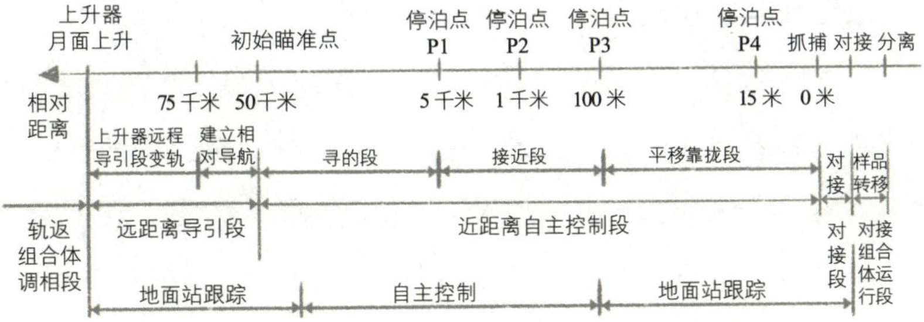

图 6-7　嫦娥五号月球轨道交会对接过程示意图

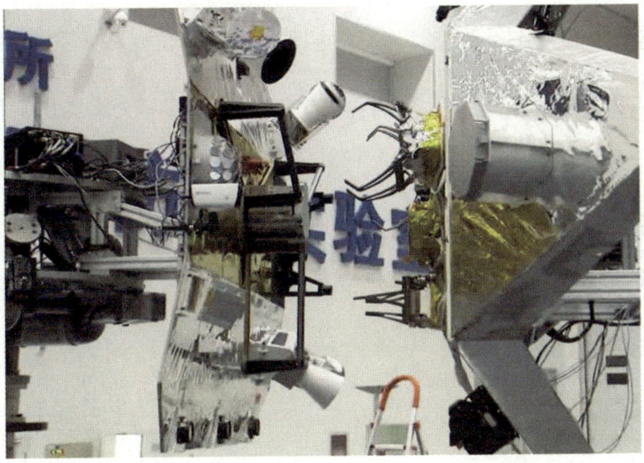

图 6-8　嫦娥五号上升器与轨返组合体对接示意图

轨返组合体调相段

通过对轨返组合体运行轨道的相位控制，使其进入满足交会对接需求的预定轨道。上升器以这个轨道为目标轨道，从月面起飞并进入与轨返组合体相同的轨道面。

远距离导引段

上升器携带月球样品从月面起飞后，通过地面测控系统指令，分别进行提高近月点高度、修正轨道面偏差、圆化轨道等动作，最终导引进入与轨返组合体共面同心的圆轨道，并位于轨返组合体前上方。

近距离自主控制段

轨返组合体作为采取主动行动的追踪航天器逐步逼近上升器，上升器作为被动的目标航天器迎接轨返组合体，最终使两器的距离缩小至零。在这个过程中，轨返组合体利用测量设备，获得两飞行器相对位置、速度、姿态、姿态角速度信息，由轨道器上的GNC子系统控制发动机进行轨道机动，从初始瞄准点逐步逼近上升器，直至两器之间的距离减小至0米、相对速度降至0米/秒。

对接段

轨返组合体和上升器上的对接机构完成目标飞行器的捕获，实现两个航天器在结构上的刚性连接。对接操作由抱爪式对接机构完成。对接过程在国内地面站共视测控弧段内进行。

对接组合体运行段

轨返组合体与上升器保持连接的状态下，样品转移机构将月球样品密封封装装置从上升器转移至返回器中。样品转移过程在国内地面站共视测控弧段内进行。

分离段

样品转移成功后，轨返组合体与上升器及对接机构分离。

08

月球样品怎样实现隔空转移

月球样品转移指的就是把盛装月球样品的密封封装装置从上升器转移至返回器的样品容器舱中，并关闭样品容器舱舱门的过程。月球样品采集后，被封装在上升器的密封封装装置内，要想把月球样品送回地球，必须将样品转交给返回器。返回器设置有样品容器舱，接收样品后携带其返回地球。上升器和返回器是两个独立的飞行器，如何将密封封装装置从上升器转移至返回器的样品容器舱呢？

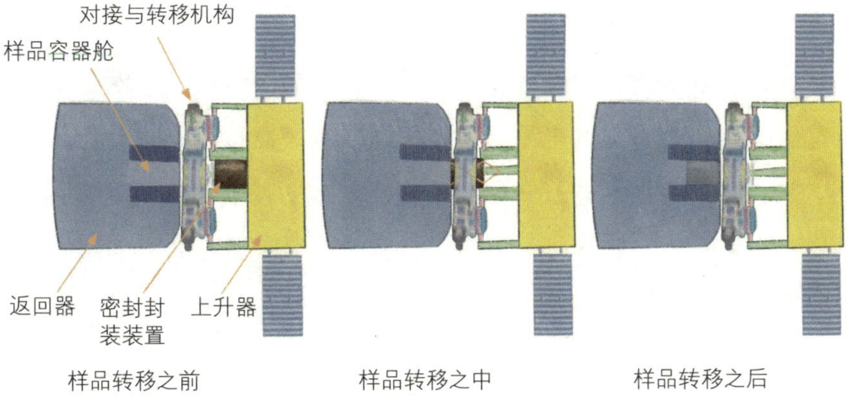

图 6-9　月球样品转移过程示意图

建立转移通道

上升器和轨返组合体完成月球轨道交会对接后，两个航天器连接在一起，初步建立密封封装装置从上升器到返回器的转移通道。密封封装装置的转移行程为 626 毫米。

转移机构运送样品密封装置

密封封装装置自身没有动力，只能依靠轨道器上的转移机构来实现样品转移。从转移行程看，半米左右的行程近在咫尺，但在月球空间实现这一过程，却无比艰难。为了实现可靠转移，研制人员决定仿照尺蠖的运动方式完成这一动作。

尺蠖，一种像毛毛虫的虫子，是鳞翅目尺蛾科昆虫的幼虫。尺蠖的行动方式非常特别，它们在移动时，身体会一屈一伸，形似量尺，实现前行。仿照尺蠖的运动方式，研制人员提出了一种大展收比接力式转移机构，也称连杆 - 棘爪转移机构。

一套连杆 - 棘爪转移机构类似一只尺蠖，由连杆机构、3 对棘爪及驱动机构等组成。3 对棘爪分别分布在转移机构的前端、中间和后端。安装在转移机构连杆前端的棘爪，在转移机构连杆伸展后抓住密封封装装置，在连杆收缩时，将密封封装装置拉向返回器的样品容器舱；连杆中间棘爪机构与密封封装装置接触，起到止回作用，防止密封封装装置反向移动；连杆末端的棘爪在连杆收缩后抓住密封封装装置，在连杆伸展时，将密封封装装置推向返回器的样品容器舱。通过前端棘爪的拉、末端棘爪的推，将密封封装装置送入返回器的样品容器舱，实现样品转移。

月球样品转移前，“尺蠖”蜷缩着身体；进行样品转移时，“尺蠖”同步伸长身体，通过前端棘爪牢牢抓住密封封装容器上的下端棘齿，随后上升器上的密封封装装置连接机构解锁，接着“尺蠖”收缩身体，拉动密封封装装置向着返回器的样品容器舱转移，完成密封封装装置的一次移动。依样进行 4 次展收后，实现样品的转移。最后，轨道器收回导轨，关闭返回器的样品容器舱舱门，样品转移过程结束。

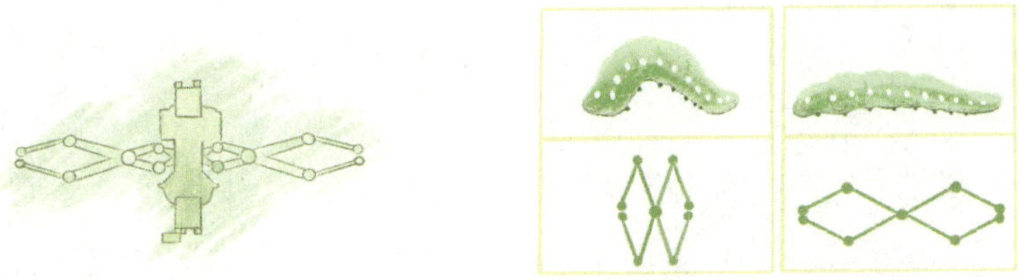

图 6-10　月球样品转移机构及原理示意图

为了保证可靠转移，在转移通道上布置了三套连杆 - 棘爪转移机构，三套机构按 120° 均匀分布，相互独立、互为备份，从而实现转移功能的冗余。在正常情况下，两套转移机构同时工作可完成月球样品转移；即使出现故障，单套机构也能完成转移任务。

09 返回器空中“打水漂”带样品回家

在返回器收到月球样品后，轨道器将上升器和对接舱抛离，在轨等待约 6 天，轨道器护送返回器踏上回家之路。送君万里，终有一别。在距离地面 5000 千米的高空时，轨道器完成运输使命，毅然放下返回器。返回器独立进入地球大气层，需自己走完回家的路。

独自回家的路虽短，但并不平坦，返回器还需要克服种种困难和挑战。

第二宇宙速度引发高热流，返回器难以承受

相较于地球轨道，嫦娥五号返回器从月球回到地球，最大的区别就是速度——第二宇宙速度（约 11.2 千米 / 秒）比地球轨道返回速度——第一宇宙速度（约 7.9 千米 / 秒）提高了约 0.5 倍。返回器高速再入大气层时，大气剧烈摩擦将对返回器产生高温烧灼，给返回器自身及精确返回带来极大风险。再入速度提高一倍，再入热量将提高 8 ～ 9 倍。为了克服这一困难，研制团队从几个方面采

取措施，化解风险。

弹跳方式，减速减热

返回器返回地球，初始速度已成定数，若依靠返回器制动减速，需要大量的燃料，工程实施不具备可行性，只能想办法让返回器不需要燃料或需要很少的燃料就可以减速。于是设计人员想到了小时候在水塘边玩的一个游戏，就是打水漂。当我们把石片按合适的角度和速度抛向水中，石片可以在水面跳跃多次，逐渐减速直至落入水中。利用这个现象的原理，让返回器进入大气层后弹跳减速，不失为一个好办法。于是嫦娥五号返回器太空“打水漂”（专业术语为“半弹道跳跃式返回”）的方案就形成了。

返回器在第一次进入大气层到达一定深度并滑行一定距离后，调整姿态，形成“打水漂”的条件，跳起升高。随着高度的增加，由于地球引力作用和大气阻力作用，返回器速度进一步降低。在降到第一宇宙速度以下时，返回器则不可能成为地球卫星飘浮在太空，而是开始下落。这是借助大气阻力和大气的摩擦作用，消耗返回器动能。与地面游戏的打水漂不同，“太空水漂”是返回器自己完成、全程可控的，是高科技加持的。

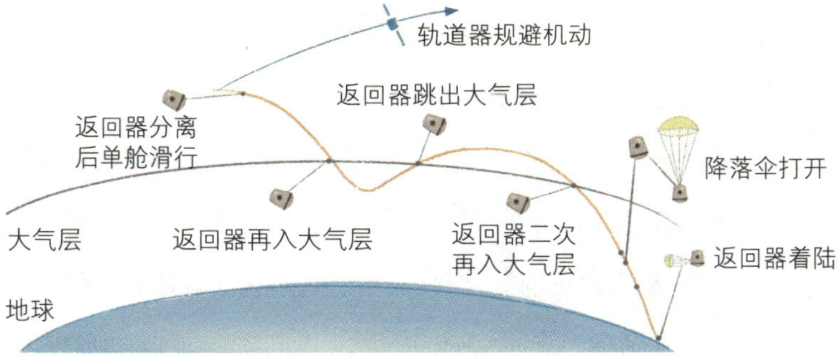

图 6-11　嫦娥五号返回器再入返回飞行（“打水漂”方式）过程示意图

装备精良，准确控制

返回器完成“打水漂”的动作看似简单，但有诸多限制，实施风险极高，需要返回器达到一定的入射条件才能实现。为了使返回器满足水漂条件，必须增加自身控制能力。于是研制人员为其配备了高精度导航、制导和控制设备，提高其应变和执行任务能力。导航设备可以在茫茫宇宙中实时获取自身的位置、速度等信息；制导设备（控制计算机）可以根据当前的位置和速度信息，结合预定落点位置进行制导处理，自动规划出一条从返回器当前位置到开伞点的最佳飞行路径；控制设备，向安装在返回器外的发动机发送喷气控制指令，调整返回器姿态，使返回器沿着规划的轨迹飞行。

穿防热衣，护身保心

返回器在返回地球的过程中，以第二宇宙速度进入大气层，因气动加热导致返回器外部温度急剧升高，虽然采用了“打水漂”方式降低了速度，缓解了热流，但返回器仍要经历3000℃左右的高温。特别是返回器的底部，作为“迎风面”，气流温度超过10000℃！面对这种极高温和热冲环境，返回器自身材料难以承受，必须采取保护措施，否则将燃烧殆尽。

根据我国返回式卫星和载人飞船返回舱的研制经验，结合嫦娥五号返回器环境条件（热流密度最高达到飞船返回舱的4倍，最大加热量为飞船返回舱的2倍），科研人员开展烧蚀防热方案设计和防护材料研制。通过对返回器不同部位具体情况采用不同的涂覆方案和材料，给返回器量身定做了分区域变厚度、变密度、相邻区域匹配的轻量化“防热衣”。此外，对关键设备的局部区域开展专门分析设计，以确保各部位不会出现过热而影响返回器的气动和明显的热流扰动。通过巧妙的防热设计，使返回器经受住了气动加热的考验，怀揣着月球样品胜利返航。

图 6-12　再入返回过程中返回器气动烧蚀示意图

实战验证，万无一失

面对返回器高速再入的一系列难题，虽然从设计上都采取了措施并进行了地面试验或仿真验证，但和真实的飞行情况还是相差甚远。在真实的环境下，各种措施是否真正有效、返回器是否能安全返回都是一个大大的问号。

返回器再入是嫦娥五号接力的最后一棒，如果不成功就是功亏一篑。为了降低工程风险，确保嫦娥五号采样返回任务的精确完成，经研制队伍论证、领导决策，在嫦娥五号正式任务实施前，开展了一次实战演练：发射了再入返回飞行试验器，将嫦娥二号卫星平台改造为服务舱，由长征三号丙改进二型运载火箭在西昌卫星发射中心发射升空，进入地月大椭圆轨道，从月球转向后，进入月地转移轨道，服务舱在一定高度释放返回器，返回器以第二宇宙速度进入大气层，以“打水漂”方式返回地面。这一实战经验，使研制团队充分掌握了超高速再入返回的关键技术，以确保任务实施万无一失。

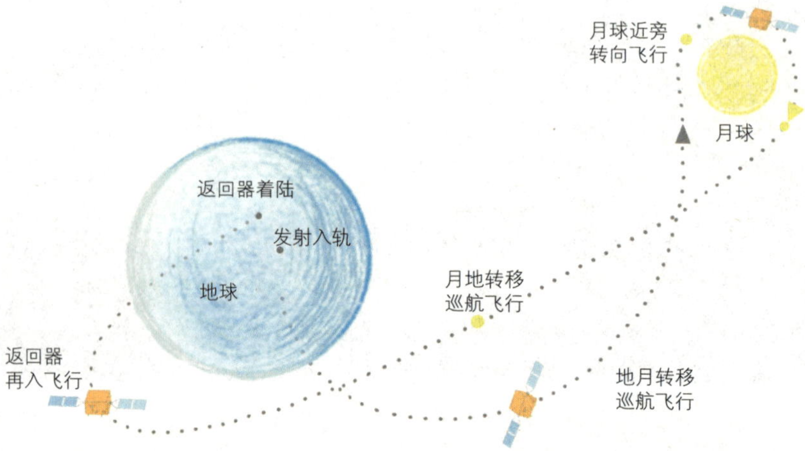

图 6-13　嫦娥五号再入返回飞行试验任务飞行过程示意图

地面测控存在盲区，返回器可能会跑丢

再入回收段是整个任务最后一个关键飞行阶段，持续时间约 40 分钟，返回器将于南大西洋上空 5000 千米高度与轨道器分离，并在索马里以东海域上空 120 千米高度首次进入大气层，到达第一次再入轨道最低点后起跳，随后再入大气层。在如此短暂的时间内，关键事件密集，可靠跟踪测控是保证返回器安全返航的关键。而在这一过程中，对于传统的地面测控系统而言，在测控覆盖性上存在两次盲区——黑障段，不能随时跟踪测量返回器的位置和姿态。在这段看不见的时间里，返回器有可能会一个跟头十万八千

里，从而消失在飞控人员的视野中。

为了实现高速再入返回器的可靠跟踪与测控，需要构建连续覆盖的测控链，特别是针对第一次再入。测控系统通过在第一次再入覆盖区域——印度洋西北部的阿拉伯海域，布设一艘远望号测量船，利用船上的雷达和光学设备监视返回器飞行状态，实现对第一次再入过程的跟踪测量。

对于陆上测控设备，根据返回弹道确定对返回器可见测控站的区域分布，最终选取布置在巴基斯坦卡拉奇、我国西藏阿里地区的宽波束/多波束测控设备，以及我国新疆、青海、甘肃和内蒙古等地的雷达和光学设备构成连续跟踪测量链，从而实现返回过程在国内段的全程覆盖。这样，不但能够对返回器首次出黑障后实现快速可靠捕获，还能对返回器二次再入前后飞行状态、二次再入轨迹进行精确测量，进而对其返回落点进行精确预报，为尽早实现对返回器的搜索回收提供有力支持。

10 灰突突的月壤到底有多新奇

2020年12月17日，嫦娥五号返回器成功将1731克月壤样品带回地球，完成了我国首次地外天体采样任务实施。

嫦娥五号任务采样区在月球风暴洋西北部，与美国6次阿波罗任务（382千克）和苏联3次月球号任务（326克）的采样范围（均在低纬地区）不同，其采样区纬度更高，撞击坑年龄更年轻。新的样品为月球科学研究带来了新的机遇。

肉眼看起来像尘土堆积的灰突突的月壤，到底有何新奇，暗藏了多少奥秘？2021年7月12日首批月球样品发放后，共有40多家机构的科学家对其进行了研究，在月壤物理性质、物质来源、月海玄武岩形成时代和机制等多个方面取得了大批原创成果。

显微图像展示月壤的绚丽多彩

也许你会认为月壤远远看去像燃烧后的香灰，它就是那么彻彻底底的灰色。然而，当研究人员将采集到的月壤样品在玻片上铺开，放在显微镜下观察的时候，让人难以置信的画面展现在观察者眼前，原来细细的月壤中隐藏着这么多细小的颗粒，它们像水晶一样五彩斑斓又晶莹剔透。据科学家识别，这些小“水晶”中，褐色多为玻璃，黄色一部分是玻璃、一部分是橄榄石（天然绿宝石），白色大多为长石和辉石，复合物颗粒为岩石碎屑。

图 6-14　*左为嫦娥五号采回的月壤，中为显微镜下的月壤，右为嫦娥石*

更新奇的是，科学家经过仔细分析辨认，在岩石碎屑中，竟然发现了一种新矿物，并给它起了一个值得纪念的名字——嫦娥石。它呈现为一种棱柱状晶体，2 ～ 30 微米大小，无色透明，是一种新的磷酸盐矿物。

详细分析了解月壤的丰富“内涵”

月壤物理性质及物质组成

嫦娥五号月壤物理性质测试表明，其最大粒径约为 50 微米，颗粒粒径分布与阿波罗成熟月壤相仿，平均模态质量为 0.5567 纳克，圆度为 0.875，体密度为 1.24 克 / 立方厘米，真密度为 3.20 克 / 立方厘米，比表面积为 0.56 平方米 / 克。

嫦娥五号月壤主要由玄武岩碎屑、矿物碎屑、角砾岩碎屑、粘结物和玻璃组成，采集的玄武岩的整体成分较阿波罗号玄武岩低 MgO（4.87%）、高 FeO（22.1%），80% 以上的玄武岩颗粒 TiO_2 含量集中在 3.8% ~ 6.2%。除此之外，对比于阿波罗样品，嫦娥五号玄武岩单斜辉石含量较低（30.9% ~ 49.5%），斜长石含量较高（29.3% ~ 47.4%）。

月球火山活动时间和机制

嫦娥五号玄武岩是迄今获得的最年轻的月球样本。经过铅（Pb）同位素分析显示，嫦娥五号月壤中不同结构的玄武岩都具有一致的结晶年龄，表明月球在距今 20 亿年前仍存在大规模火山活动，相比于阿波罗样品将月球火山活动的时限推迟了约 10 亿年。

科学家进一步研究发现，嫦娥五号玄武岩形成于贫克里普（克里普为月球上的一种特殊矿物）和水的易融源区。低程度部分熔融和广泛分离结晶形成了嫦娥五号玄武岩高度演化、富轻稀土（轻稀土为原子序数较低和质量较小的稀土，一般指镧、铈、镨、钕、钷、钐和铕 7 种稀土元素，也称铈族稀土）和高钍（Th）含量的特征，反映了月球风暴洋克里普地体内的年轻月海玄武岩形成可能与克里普元素的富集并没有直接联系。

太空风化作用对月壤的改造

太空风化是发生在月球等无大气天体表面最为普遍的现象之一，形成于太阳风、宇宙射线、微陨石等的注入。嫦娥五号月壤来自与以往不同的着陆区，其太空风化效应与阿波罗月壤相比既相似又独特。与阿波罗月壤类似，太空风化作用在嫦娥五号月壤颗粒表面导致了纳米金属铁颗粒和太阳风成因水的产生。除此之外，嫦娥五号月壤中发现了与阿波罗月壤不同的太空风化产物，包括歧化作用形成的 Fe^{3+}、共析反应形成的磁铁矿和蒸发沉积形成的蓝辉铜矿，表明太空风化作用比之前所普遍认为的更为复杂。

首次发现天然石墨烯

利用嫦娥五号钻采的岩屑观察分析，科研人员首次发现了天然形成的少量石墨烯，为人们理解月球的地质活动、演变历史以及环境特点提供了新视角。此外，这一发现还拓展了人们对月壤复杂矿物组成的认知，为月球原位资源利用提供了重要的信息和线索。

嫦娥五号采集的风暴洋克里普地体年轻月海玄武岩，从多个角度刷新了人类对年轻月海玄武岩形成机制、太空风化作用等方面的认识。嫦娥五号样品研究大幅提升了我国地外样品研究技术，极大地促进了我国行星科学的发展。

第七章

第一次月背返回

——嫦娥六号

01

人类首次月球背面采样返回

2024 年 9 月 23 日上午，习近平等党和国家领导人亲切接见嫦娥六号任务参研参试代表，习近平总书记发表重要讲话。习近平总书记指出：“嫦娥六号完成了人类历史上首次月球背面采样，突破了多项关键技术，是我国建设航天强国、科技强国取得的又一标志性成果，是我国探月工程的重要里程碑。”

2024 年 5 月 3 日，嫦娥六号探测器由长征五号遥八运载火箭在海南文昌发射场发射升空，并进入地月转移轨道。6 月 2 日，嫦娥六号探测器着上组合体在鹊桥二号中继星的支持下，成功着陆月背预选着陆区。6 月 4 日，嫦娥六号上升器携带月球样品从月面起飞，之后与轨返组合体在月球轨道交会对接并完成样品转移。6 月 20 日，轨返组合体进入月地转移轨道。6 月 25 日，轨道器释放返回器，返回器准确落于内蒙古四子王旗预定区域，标志着任务圆满成功。

2024 年 6 月 28 日，国家航天局举办交接仪式，向中国科学院移交了嫦娥六号采集的月球样品，采回的样品共 1935.3 克，标志着嫦娥六号任务从工程实施阶段转入科学研究阶段。

嫦娥六号任务实现了人类首次月球背面采样返回，被多家媒体称为历史性的壮举，为国际行星科学研究打开了一扇崭新的大门，为提升人类宇宙认知作出了重大贡献。

02 嫦娥六号探测器

嫦娥六号探测器是由嫦娥五号探测器备份平台改进而成，由轨道器、着陆器、上升器、返回器组成，总重约 8.3 吨。

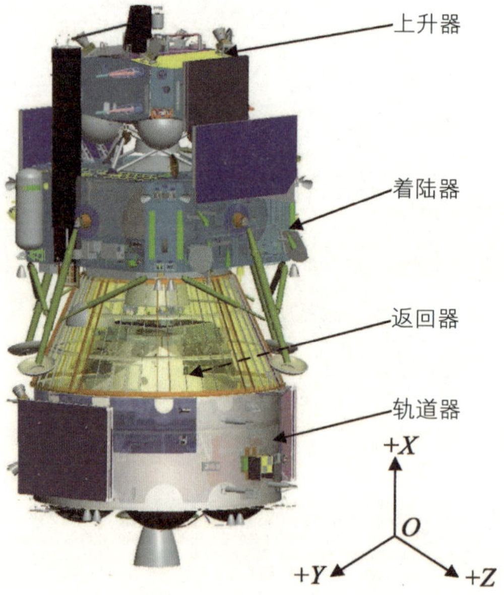

图 7-1　嫦娥六号探测器

03

嫦娥六号的任务过程与嫦娥五号有什么不同

嫦娥六号任务飞行过程由发射入轨段、地月转移段、近月制动段、环月飞行段、着陆下降段、月面工作段、月面上升段、交会对接与样品转移段、环月等待段、月地转移段和再入回收段 11 个飞行阶段组成，全过程用时共 53 天，比嫦娥五号（共 24 天）多了近 1 个月。

嫦娥六号的任务大部分过程几乎与嫦娥五号相同，主要变化在环月飞行段、月面工作段和环月等待段。

环月飞行段

嫦娥六号在海南文昌发射场发射后，进入地月转移轨道，经近月制动后进入环月轨道，环月轨道为逆行轨道。由于着陆区在月球背面，而嫦娥六号初始轨道不能覆盖着陆点，因此，在降落前，需对其环月轨道高度和倾角进行调整，将轨道面调整到与着陆点共面的位置。同时，嫦娥六号还需与承担月背探测中继任务的鹊桥二号中继星进行通信对接测试。所有这些完成后，嫦娥六号择机实施轨返组合体与着上组合体分离，着上组合体实施月球背面着陆，按计划开展月球背面采样以及返回任务。这一过程需多等待 20 多天。

月面工作段

虽然嫦娥六号与嫦娥五号一样，仍在月球上停留两天，进行月球样品的钻取和铲取，但由于身处月球背面，相关指令和监测工作需要通过鹊桥二号中继星进行。受限于中继星覆盖时长，嫦娥六号着上组合体采样，每天的有效工作时间只有 20 小时。

环月等待段

嫦娥六号采样完成后，上升器携带月球样品月面起飞进入环月轨道，在月球轨道进行交会对接转移样品后，还要环月等待 14 天，比嫦娥五号多了一周。轨返组合体的返航受到多重条件的约束，包括环月轨道倾角、月球—地球—太阳的相对位置、返回着陆点位置等，进行环月等待是为了寻找月地返回的最优路线，以期通过较少的变轨、较优的光照条件实现精准高效的返回。

延伸阅读

逆行轨道

航天器轨道按照飞行方向分为顺行轨道和逆行轨道。逆行轨道就是航天器的飞行轨道与所绕转的天体自转方向相反的轨道。轨道是否逆行可以用轨道倾角判断，逆行轨道的特征是轨道倾角大于 90° 。

宇宙天体中也存在顺行和逆行现象。太阳系中，所有行星及几乎所有其他天体围绕太阳公转方向都和太阳自转方向相同，称为顺行；有不少彗星和少数小行星的公转方向和太阳自转方向相反，还有一些卫星的公转方向和它们所围绕的行星自转方向相反，被称为逆行。

嫦娥六号选择逆行轨道，并非为了标新立异，而是由其任务特点决定的。

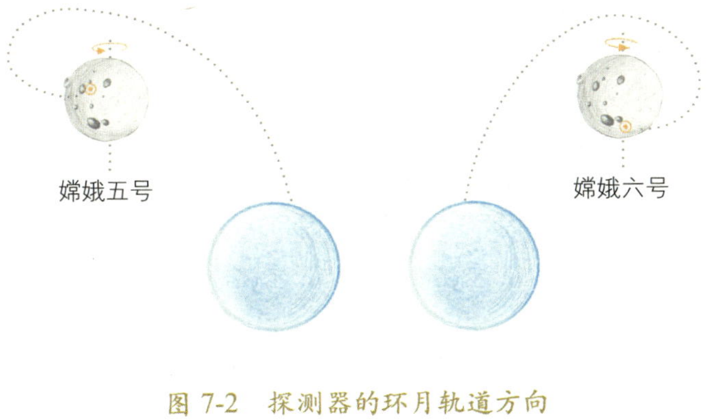

图 7-2 探测器的环月轨道方向

着陆区域变化

嫦娥六号着陆位置由嫦娥五号的月球北纬地区变化为南纬地区。由于太阳始终直射在月球赤道附近的区域，如果仍然采用原有的环月顺行轨道方案，嫦娥六号探测器（这里指着上组合体）在月球南半球着陆时相比嫦娥五号任务会出现受晒面掉转 180° 的情况，即探测器本应朝阳的一侧处于阴影中，而应当处于阴影环境的一侧处于光照中，这会影响采样过程中的能源供给、采光等条件。

备份平台限制

嫦娥六号沿袭了嫦娥五号已有的构型布局和硬件产品，要从构型布局和硬件产品设计上解决落点变化带来的能源和光照问题，要么会带来重大的技术状态调整，要么会增加在轨实施的风险。

逆行轨道的设计，顺利化解了着陆点变化带来的探测器朝向变化问题，也避免了探测器构型布局和硬件产品的大幅度调整，为嫦娥六号圆满完成月面采样任务奠定了基础。

04

鹊桥二号与鹊桥号的不同

鹊桥二号中继星原本是新研嫦娥七号任务的组成部分，也是探月工程四期的公共中继平台，主要任务是在环月轨道，为 2018 年发射且目前仍在月背工作的嫦娥四号（接续鹊桥号中继星）、嫦娥六号及后续发射的嫦娥七号、嫦娥八号任务提供中继通信服务。为了给嫦娥六号月背采样任务提供中继通信支撑，鹊桥二号选择在嫦娥六号前发射，并在嫦娥六号发射前完成在轨测试，以确保具备稳定在轨中继支持能力。

图 7-3　鹊桥二号

鹊桥二号不同于嫦娥四号任务中的鹊桥号，在充分继承鹊桥号中继通信分系统的基础上，卫星平台进行了大量的改进。

结构外形

从外观上看，鹊桥二号的架构与鹊桥号相似，中继天线仍选用鹊桥号使用的4.2米口径可展开式网状天线，卫星主体尺寸增大。同时，鹊桥二号比鹊桥号少了3根触须（荷兰的低频射电探测仪），多了对地S/Ka频段数传可驱动抛物面天线，安装在可展开式伸杆终端。

平台重量

鹊桥二号支持任务多、任务流程复杂，同时需要兼顾科学探测，因此相较于鹊桥号中继星的CAST100平台，选择了更大的CAST2000平台研发。由于需要自主实现复杂的轨道机动流程，鹊桥二号中继星需携带的推进剂质量大大增加，同时由于增加了S/Ka频段数传天线、科学载荷等设备，因此鹊桥二号中继星整星质量要明显大于鹊桥号中继星，鹊桥二号重约1230千克（鹊桥号重约550千克）。

有效载荷

鹊桥二号中继星除了中继通信的任务外，还承担了嫦娥七号6大科学目标中的2大目标，即开展“月基对地球磁尾和等离子体层的观测和研究”“月—地VLBI测量试验和观测研究”，因此配置了阵列中性原子成像仪、极紫外相机和月—地VLBI测量与观测试验系统3种有效载荷。

技术试验

为了促进深空测控通信技术的发展，鹊桥二号将开展 3 项相关关键技术试验：Ka 频段测控技术试验，验证深空测控新频段、新体制；四程测量技术试验，验证深空四程定轨、定位技术；智能网络技术试验，验证未来深空探测器多种编码通信协议。

任务轨道

鹊桥二号中继星需要实现对嫦娥六号月背采样返回任务、嫦娥七号月球南极综合探测任务以及后续的嫦娥八号任务的支持。绕地月系统拉格朗日 L2 点的 Halo 轨道对于月球南极嫦娥七号着陆点的中继通信高度角较小，不利于对月球南极区域中继通信。综合考虑探月工程四期各次任务的中继时长、运行寿命等要素，经反复优化设计，鹊桥二号中继星选择绕月大椭圆冻结轨道作为任务轨道。鹊桥二号中继星在嫦娥六号任务期间运行于 24 小时大椭圆轨道上，对嫦娥六号探测器的中继时长大于 18 小时每轨，嫦娥七号任务期间运行于 12 小时大椭圆轨道上，中继时长大于 7 小时每轨。

中继通信

相比于鹊桥号中继星，鹊桥二号中继星服务探测器更多。在嫦娥七号任务实施期间，鹊桥二号中继星不仅要为嫦娥七号着陆器、巡视器、飞跃器提供中继通信服务，还要兼顾嫦娥四号着陆器和巡视器、嫦娥七号任务搭载载荷月壤勘查器的中继通信，因此设计了更多的前返向通信链路。考虑到测控链路速率要求随着任务复杂程度增加而升高、科学探测数据量大等因素，鹊桥二号中继星采用了更大通信速率和更高的数据存储容量。

天线

由于鹊桥二号中继星增加了地月 VLBI 试验子系统等科学载荷，提供中继通信的目标数量大大增加，鹊桥二号中继星对 X 频段 4.2 米抛物面天线增加了 VLBI 馈源，增加一副 UHF 中继天线、两副 Ka 测控天线、对地数传一副 S/Ka 双频段可驱动抛物面天线。

其他

由于平台更大、耗电更多，鹊桥二号中继星选用了输出功率更大、蓄电池容量更高的太阳电池阵。为了到达任务轨道、实现长寿命在轨运行，鹊桥二号中继星使用了更大的推进剂贮箱，增加了 20 牛发动机数量，使用了姿控能力更强的动量轮。

鹊桥二号于 2024 年 3 月 20 日，在海南文昌发射场，采用长征八号运载火箭发射［搭载发射了天都一号（61 千克）/ 二号（15 千克）卫星组合体，进入环月轨道后分离，开展星座式通信导航系统相关技术验证］。经过地月转移、月球捕获、环月轨道调整等阶段，鹊桥二号首先进入周期约 24 小时的环月大椭圆冻结轨道，成功为嫦娥六号月球背面采样任务提供了中继支持；同时也可为正在月球背面工作的嫦娥四号探测器提供中继通信服务。嫦娥六号任务后，鹊桥二号将择机开展轨道调整，为嫦娥七号月球南极探测任务和嫦娥八号任务提供中继服务。

05

首次月背采样需要突破哪些难关

嫦娥六号是国际上第一次开展月球背面采样，尽管鹊桥二号解决了月背中继通信的难题，但要想成功采样，还需要克服很多困难。

复杂地形安全着陆

成功着陆月球，是嫦娥六号采样返回任务的关键。与嫦娥四号、嫦娥五号相似，嫦娥六号着上组合体着陆月球，主要责任在着陆器。着陆时间非常短暂，过程中，中继星和地面飞控人员都无能为力，要想安全降落，着陆器只能靠自己。着陆过程十分烦琐，着陆器携带的燃料有限，面对月背复杂的地形环境，需要快速灵活反应。

为了解决这些问题，嫦娥六号着陆器携带了多台敏感器。这些敏感器就像探测器的眼睛和耳朵，通过光学、微波等方式，探知着陆器与月球的相对位置和速度；通过图像判断月球表面一些坡度、坑、石块的分布情况，选取一个较优的落点位置；通过 GNC

系统计算机对数据进行融合分析，自主制定着陆策略。敏感器可以在0.25秒内，对月球一定范围的地形进行精细的探测；在悬停的短短3秒内，自主避障系统要完成所有测量和计算工作。此后，通过发动机控制姿态、减速，着上组合体最终到达选定的落点。

智能快速采样

嫦娥六号在月面降落后的48小时内，像嫦娥五号一样，先后进行钻取、表取以及样品封装等工作。由于采样区是在月球背面，嫦娥六号的采样注定与嫦娥五号不同。

受限于鹊桥二号提供的月球背面中继通信时长，嫦娥六号无法像嫦娥五号一样，在月面停留的所有时间里，均可以进行采样。嫦娥六号月面采样，每天有效工作时间仅为不到20小时，为了在这么短的时间内完成与嫦娥五号相同的采样工作，研制人员采用快速智能采样技术，只要发一条指令，整个钻取、铲取采样任务自主完成，大大提高了采样效率。

图7-4 嫦娥六号铲取样品后在月面留下的采样痕迹

让研制人员意想不到的是，嫦娥六号 6 次表面取样结束后，月面出现了一个“中”字，其形态又有点像只和平鸽。

据研制人员介绍，采样点位的选取是根据采集到的样品图片差异性进行比较后动态调整的。研制人员本来设计了 10 多个表面取样采集点位，除了“中”字之外本来还会多铲几铲，但当 6 次铲取也就是“中”字的最后一笔完成后，样品容器恰好填满，于是后续的铲取工作就取消了。这也许是冥冥中的意外，注定了嫦娥六号要给自己点个赞，在月球背面留下中国的印记，更是一个和平的印记。

在完成采样封装后，上升器在鹊桥二号的指引下，完成上升准备，并在高度智能化的基础上，自主完成人类第一次月面起飞，携带珍贵的月背样品精准进入环月目标轨道，为后续月球轨道交会对接、样品转移和月—地返回奠定了坚实基础。

06 嫦娥六号在月背还开展了哪些工作

2024年6月2日至3日，嫦娥六号顺利完成在月球背面南极-艾特肯盆地的样品采样，上升器顺利踏上月球样品的“快递”之路。除了取样，嫦娥六号还做了哪些事？

与嫦娥五号一样，嫦娥六号着陆器上携带了多种科学探测设备（有效载荷），包括降落相机、全景相机、月壤结构探测仪、月球矿物光谱分析仪。

降落相机

在落月过程中开机，对拟着陆的月面区域成像，为着陆区的地形地貌研究提供数据支撑；同时，通过降落区域图像比对，确定嫦娥六号探测器的精确着陆位置。

全景相机

获取着陆区和采样区的高分辨率月表图像。着陆后开机，在钻取和铲取的过程中，对着陆点附近月表形貌环拍成像，为采样区三维重构提供必要的视觉信息。

月壤结构探测仪

一种表层穿透探测雷达设备。探测器钻取采样前开机，对采样区地下结构和石块分布进行探测，为采样策略选择和进程判断提供数据参考。

月球矿物光谱分析仪

一种分析月球岩石和土壤中化学元素及化合物组成的仪器。用于对嫦娥六号铲取采样目标的光谱探测和分析工作，辅助采样点位选取。

这些有效载荷探测数据，将为地面实验室样品分析提供丰富的背景信息，从而丰富和拓展月球样品实验室的研究成果。

此外，嫦娥六号着陆器还携带了3台国际载荷，包括欧空局月表负离子分析仪、法国月球氡气探测仪、意大利激光角反射器。

月表负离子分析仪

对月表负离子进行探测，研究等离子体和月面的相互作用机制。

月球氡气探测仪

对月表氡气同位素进行探测，研究挥发物质在月球环境下的传输和扩散机制。

激光角反射器

作为月球背面的定位绝对控制点，可用于合作目标的距离测量和定位研究。

另外，着陆器还搭载了 2 种工程载荷。

移动相机

移动相机是一个月面自主智能微小机器人，重约 5 千克，可以在月表小范围自主行走，安装在着陆器的侧板外。着陆器完成月背采样后，上升器起飞前，小机器人自主分离，落在月球表面，自主选择位置、角度，为着陆器和上升器月背合影留念。

国旗展示系统

嫦娥六号与嫦娥五号一样，在表面取样完成后，一面鲜艳的五星红旗徐徐升起。这是中国首次在月球背面独立动态展示国旗。值得一提的是，与嫦娥五号展示的国旗（高性能芳纶纤维）不同，嫦娥六号的五星红旗是由玄武岩纤维编织而成。

图 7-5　移动相机拍摄的嫦娥六号着陆器和上升器月背合影及国旗展示

除上述月背探测工作外，嫦娥六号探测器在发射时，还在轨道器上搭载了 1 颗巴基斯坦立方星，进入月球轨道后分离，立方星成功拍摄第一幅月球影像，圆满实现了“成功分离，获得遥测”的既定目标，成功验证了纳卫星（质量小于 10 千克）月球轨道探测技术。

延伸阅读

玄武岩纤维

玄武岩纤维是一种复合纤维，玄武岩占比62%。这种材料由玄武岩熔融拉丝制成，具有重量轻、强度高、耐腐蚀、绿色低碳等特性，并且能够耐受-269℃～700℃的温度范围。选用玄武岩纤维制作五星红旗是因为它具有优异的隔热抗辐射性能，能够抵御月表的恶劣环境。

嫦娥六号月面国旗在高真空、高低温循环、强剂量紫外辐照等极端环境下展示，充分展现了中国航天技术的创新实力。月面上玄武岩含量丰富，攻克玄武岩纤维编织技术，将来可以应用于月面，将玄武岩做成各种纤维材料，甚至建筑材料，为未来月球基地建设奠定基础。

07

月球背面的月壤有什么特殊性

嫦娥六号着上组合体成功着陆月球背面并采样返回，是人类历史上首次。此前，人类共对月球进行了 10 次采样返回，均位于月球的正面。嫦娥六号此次采样希望获得什么样的月壤？月球背面的月壤到底有什么特殊性？

此前，嫦娥五号着陆在月球正面风暴洋带回的 1731 克样品，与美国和苏联获取的月球样品不同，更加“新鲜”。科学家经分析，在月球形成、演化以及资源利用等多个领域取得一批重要成果，证实月球最“年轻”玄武岩年龄为 20 亿年，将月球火山活动的结束时间推迟了约 8 亿～ 9 亿年。

嫦娥六号采样区选择了月球背面的南极 - 艾特肯盆地。正像嫦娥四号选择此盆地进行月背就位和巡视探测一样，南极 - 艾特肯盆地是月球上最大、最深和最古老的撞击盆地，也是太阳系内最大的陨石坑，其形成可以追溯到约 40 亿年前，接近月球形成时期，这使它成为研究早期太阳系历史的重要窗口。盆地内部，由于多次撞击和火山喷发，地质结构丰富、物质组成复杂，是月球形成及演化研究的重要突破口。

嫦娥六号采样点位于南极 - 艾特肯盆地内部阿波罗撞击坑边缘，该区域月壳极薄，有望揭露月球背面早期撞击盆地的原始物质。根据初步样品分析认为，样品不仅包括了记录火山活动历史的玄武岩，还混合了来自其他区域的非玄武质物质。这些样品如同月球远古时期的信使，为我们研究月球早期的撞击历史、月球背面火山活动以及月球内部物质组成提供了重要的第一手资料。

月壤与岩屑特性

嫦娥六号样品具有较低密度，表明其结构较为松散，孔隙率较高。颗粒分析显示，月壤的粒径呈现双峰式分布，暗示样品可能经历了不同物源的混合作用。与嫦娥五号样品相比，此次样品中斜长石含量明显增加，而橄榄石含量显著减少，表明该区域的月壤明显受到了非玄武质物质的影响。

嫦娥六号采集的岩屑碎片主要由玄武岩、角砾岩、粘结岩、浅色岩石和玻璃质物质组成。其中，玄武岩碎片占总量的30% ~ 40%，其矿物以辉石、斜长石和钛铁矿为主，橄榄石含量极低。角砾岩和粘结岩由玄武岩碎屑、玻璃珠、玻璃碎片以及少量的斜长岩和苏长岩等浅色岩石碎屑物质构成，进一步揭示了样品来源的复杂性。

矿物与地球化学特征

矿物学分析显示，嫦娥六号月壤样品的主要组成为斜长石（32.6%）、辉石（33.3%）和玻璃（29.4%），其中玻璃含量接近阿波罗号样品的下限。样品中还检测到少量的斜方辉石，暗示了非玄武质物质的存在。地球化学分析进一步揭示，嫦娥六号样品中的铝氧化物和钙氧化物含量较高，而铁氧化物含量相对较低，这与月海玄武岩和斜长岩混合物的特征一致。此外，样品中的钍、铀和钾等微量元素含量显著低于克里普玄武岩，与位于月球正面风暴洋克里普地体中的阿波罗号任务和嫦娥五号任务的样品表现出了巨大差异。

我们相信，随着后续月背样品的深入研究，必将获得更多新的发现。嫦娥六号带回的月球背面样品，无疑是月球科学研究领域的宝贵财富。它们不仅为我们研究月球早期演化、月背火山活动和撞击历史提供了直接证据，更为我们理解月球开辟了新的视角，也必将进一步推动月球及行星科学的蓬勃发展。

第八章

中国探月工程的成就和未来畅想

01 中国探月工程成就

探月工程自 2004 年首次绕月探测工程立项实施，至 2024 年已整整 20 年，探月工程共实施 6 次任务、9 次发射，实现了连战连捷，使我国具备了地外天体环绕、着陆、月背中继通信和采样返回的能力，嫦娥四号和嫦娥六号更是实现了人类首次月球背面着陆巡视探测和采样返回。中国的探月已实现了从“跟跑”“并跑”迈向“领跑”。中国智慧、中国方案和中国力量在世界舞台逐渐发挥重要作用。

空间探测能力大幅提升

通过探月工程的实施，我国逐渐掌握了月球环绕、着陆、巡视、中继、上升、返回等多种探测器的系统设计、轨道设计与控制、自主导航与控制、地外天体高精度着陆与巡视、月球背面探测器中继通信、月面起飞、月球轨道交会对接、月球轨道样品转移、月—地高速返回等技术，同时不断丰富和发展了空间光学、微波、射线、电磁、震动等多种探测手段，具备了地外天体环绕、着陆、巡视和高速再入返回等多种探测方式的探测能力，为后续月球与深空探测奠定了基础。

进入空间的能力大大增强

以月球采样返回任务等大运载能力为重要需求的长征五号运载火箭，自 2006 年立项，经过 10 年研制，突破了大直径（5 米）箭体结构设计与制造、120 吨级液氧煤油发动机、50 吨级大推力氢氧发动机、9 吨级膨胀循环氢氧发动机以及大型活动发射平台等 200 多项关键技术；与之配套的海南文昌新发射场建设，为长征五号的发射提供了重要支撑。2016 年长征五号完成首次发射，起飞推力超过千吨，近地轨道运载能力为 25 吨，地月转移轨道运载能力达到 8 吨多，是其他火箭最大运载能力的 2 ~ 3 倍。长征五号运载能力和运载效率位居世界前列，大大提高了我国进入空间的能力。

图 8-1　长征五号运载火箭

测控通信能力持续提升

为满足月球卫星/探测器38万千米可靠测控通信、高精度测定轨以及多目标测控等不断提高的任务需求，我国系统设计并陆续完善建设了18米、35米、66米口径天线多个深空测控站，形成全球布局合理、全天候全天时、与美欧并列的全球深空测控网；将VLBI技术应用于参与测定轨，并陆续补充建设40米、65米口径天线多个VLBI测量站，大大提高了（十几倍）测定轨精度；研制建设了40米、50米、70米口径天线数据接收站，具备月球及其以远数据接收能力。同时，测控体制不断发展，从最初的S频段拓展到S、X、Ka多频段测控通信体制，大大提高了测控通信系统的服务能力，具备了超远距离、高精度、高码速率、多目标测控与通信的能力，成为月球和深空探测重要基础。

地面验证能力不断加强

为确保月球卫星/探测器执行任务的安全性和可靠性，在研制过程中必须进行充分的地面验证。为满足地面验证的常规试验和专项试验需求，除对已有的力、热试验条件进行改造，研制人员还陆续研制建设了地外天体着陆/起飞试验场、巡视探测试验场、遥操作模拟实验室、交会对接模拟装置、样品存储制备实验室等一系列大型、特种试验设施，数值仿真、半物理仿真、缩比试验、全尺寸验证试验等验证手段和方法不断完善，大大提升了地面验证能力，为各次任务的圆满成功作出了重大贡献，也为后续任务的地面验证奠定了基础。

图 8-2　月球着陆起飞综合试验场

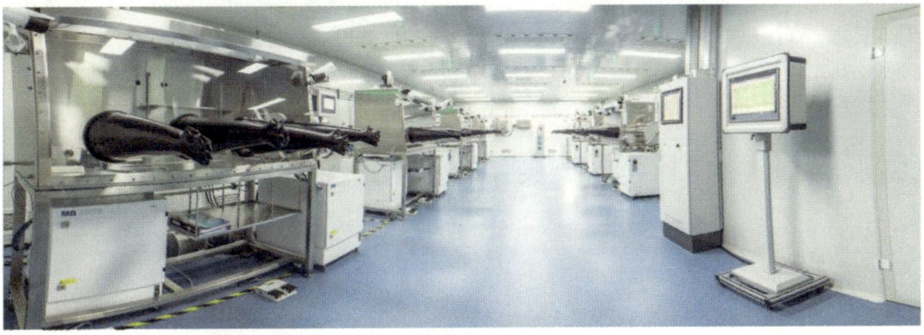

图 8-3　地外样品存储制备实验室

行星科学得到大力发展

探月工程推进实施，从环绕遥感到着陆就位再到采样返回，从月球正面到月球背面，从低纬度到高纬度，以成像、光谱、雷达、射线、电磁等多方式、多区域和多手段开展了科学探测。获得的大量一手科学数据和月球样品，促使在月球的空间环境、物质组成和成分、月球地质及浅层结构、月壤物理化学特性等方面的多项研究取得了很多新发现、新认知，对月球及太阳系的形成和演化研究提供了支撑，促进了行星科学的大力发展。

工程实施体系不断健全

探月工程实施，不但在上述技术体系和设施体系上取得了长足的进步，在管理体系、人才体系、标准规范体系上也不断完善。探月工程属于国家重大工程，是多领域、多专业高度集成的大系统工程，参与的部门和单位多，过程中摸索建立了工程领导小组民主决策、工程两总（总指挥和总设计师）系统组织实施、工程总体和各大系统分级负责的管理模式；形成了从规划论证到工程立项，再到研制实施，最后到科学研究一体化的高效工作流程和体制机制，以及技术、计划、经费、质量、风险融合管理的经验；形成了一套适用于月球和深空探测工程的技术和管理标准规范；培养造就了一大批科学、技术和管理的拔尖人才和骨干队伍，为月球和深空探测可持续发展提供了重要支撑。

国际影响力和话语权显著提升

我国科学家利用一手月球科学数据的优势，获得了大量新发现和新认知，大大提升了在月球和行星科学领域的话语权。我国通过嫦娥四号、嫦娥六号与多个国家开展了科学载荷、工程测控等方面的合作，加强了各国对中国航天的了解、支持和信任，为后续更广泛、更深入的合作奠定了基础。

此外，通过探月工程的推进，其技术发展需求和新成果转化还带动了电子、信息、人工智能、新型材料、工艺等领域和相关产业的发展，多部门协同工作凝聚形成了以探月精神为内涵的探月文化，为我国深空探测事业的可持续发展提供了助力。

02

国际月球探测计划及发展趋势

月球是深空探测的热点，月球探测是当今世界高新科技领域中具有挑战性、创新性和带动作用的系统工程。随着全球化的发展和航天科技的持续进步，月球探测已经不再是美国、俄罗斯、中国、日本、印度和欧空局等传统航天大国和组织的专利。近年来，阿联酋、韩国、英国、以色列等新兴航天国家也在纷纷计划和尝试月球探测。

各国和组织的探月计划除各自发布外，还在国际空间探索协调组层面进行协调，通过《全球探索路线图》发布未来月球、小行星和火星的路径和方案。2025 年前，美国、俄罗斯、欧洲航天局、中国、日本、印度和韩国均有开展无人月球探测的计划，月球探测以着陆探测为主，着陆区域大部分为月球南极区域，主要目标是确认水和其他物质资源的可利用性。

各国月球探测计划

美国阿尔忒弥斯计划

2017 年美国宣布的一个载人航天计划，其目标是在 2024 年前将宇航员平安送往月球并返回，并建立常态化驻留机制，为未来的火星载人登陆任务铺路。阿尔忒弥斯计划由美国航空航天局主导，并有多家美国商业航天企业及国际合作伙伴参与。各参与国通过签署《阿尔忒弥斯协定》而成为该计划成员。截至2024年9月，共有43个国家加入。

2022年12月11日，阿尔忒弥斯1号任务中的猎户座号飞船顺利完成绕月飞行任务。原计划于2024年前完成载人登月任务，但美国航空航天局在2024年1月9日宣布，阿尔忒弥斯2号及3号任务将分别推迟至2025年9月和2026年9月。计划中还包括建造门户空间站，作为地球和月球间的中转站，预计于2025年发射。

俄罗斯

2023年8月，俄罗斯月球25号着陆器成功发射，进入环月轨道，过程中失去联系，初步结论为偏离设计轨道而与月球碰撞。俄罗斯后续还将有月球26号、月球27号、月球28号等任务，计划在2031—2040年间将宇航员送上月球，搭建完整的、可居住的月球基地。

欧洲航天局

2021年公布月光计划，搭建月球通信导航系统（5颗卫星），为美国提出的月球门户空间站以及多个从事月球任务和人类探索的机构提供支持。第一颗卫星——月球探路者，计划于2026年发射。整个系统将于2030年全面投入运行。

印度

2023年7月，印度的月船3号探测器成功在月球表面实现软着陆，使其成为继苏、美、中后世界上第四个成功实现探测器月表软着陆的国家。后续计划在2027年左右发射月船4号实现月球采样返回任务；2030 年前后，月船 5 号就位采样和巡视探测；月船 6 号实现月球采样返回；研制重型火箭、建设深空测控设施，2040 年前实现载人登月。

日本

2025 年 1 月，日本发射白兔 -R-M2 号；2025 年，拟首次实施月球北半球着陆；2026—2028 年，参与美国月球门户空间站、印度月船 4 号任务；2029 年，发射大型氢能月球车；2040 年，实施月面长期生存技术验证；2050 年，建成月球基地，实现长期可持续探测。

阿联酋

2022 年 12 月，阿联酋第一个月球探测器拉希德号月球车（10 千克）搭载在日本月球着陆器白兔 -R-M1 号上一同发射升空，由于白兔 -R-M1 号的登陆失败而失败。

以色列

目前正在研制创世纪 2 号，拟再次向月球进发。

韩国

2022 年 12 月，韩国首颗绕月卫星 DANURI 搭乘美国猎鹰 9 号运载火箭发射升空，成功进入绕月探测轨道。后续计划不详。

其他国家未见公开的后续月球探测计划。

发展趋势

从当前国际月球探测计划来看，世界范围内的月球探测任务呈现出四大发展趋势。

瞄准月球资源开发利用

对月球进行探测，必定是瞄准其所具备的现实意义，即月球资源。月球因其离地球最近的特殊性，可利用的资源包括位置资源、环境资源、物质资源等，比如在月面开展对天、对地观测，利用月球环境开展相关技术验证或产品生产，月球上的核聚变燃料氦-3、永久阴影区水冰等物质为人类生产生活提供支持等。

载人与无人探测相结合，规划长远

从多个国家的后续探测规划看，特别是航天大国，均有多次任务计划，并最终以载人登月为目标，建立月球基地或大本营，不断丰富月球轨道和月面基础设施，不断增强科学探测或资源利用的方式和手段，以其为更远的深空探测奠定更坚实的科学、技术和空间设施基础，掌握深空探测和资源利用的先机和主动权。

新兴企业参与，共同推进

随着航天技术的不断发展和各国相关政策的引导，特别是在美国，越来越多的商业航天公司不断涌现，逐渐成为传统航天企业的最佳助力。商业航天公司在政府的支持下发挥特长，与传统航天企业形成合力，成为月球资源的追逐者和实践者，并在相关技术领域承担研发任务，协助政府共同推进月球探测计划进程。

多国联合实施，提升效益

面对月球资源利用的高风险、高投入项目，在全球化程度日益加深的今天，统一配置多国资源，发挥各国科技和经济优势，联合实施大型探月计划，成为重塑太空秩序、各国共同发展的重要模式，也成为新兴国家弥补技术短板、尽快获得月球收益的重要途径。

03

我国未来月球探测计划

我国自2004年首次月球探测任务嫦娥一号实施以来，一直持续推进月球探测，2020年如期圆满实现了最初规划的“绕（一期）、落（二期）、回（三期）”三步走的战略目标，在工程研制的同时，加紧后续规划论证。

2018年10月，探月工程四期获得国家批准，立项实施，共包括四次任务——嫦娥四号、六号、七号、八号任务。嫦娥四号于2018年12月发射，2019年1月实现人类首次月球背面着陆巡视探测；嫦娥六号于2024年5月发射，6月实现人类首次月球背面采样返回；嫦娥七号、八号正在研制过程中，嫦娥七号计划2026年左右发射，开展月球南极环境以及水冰等物质资源详查；嫦娥八号将于2029年左右发射，在南极区域附近着陆，开展资源原位利用以及月球科研站相关技术验证。载人登月的相关关键技术攻关正在加紧开展，中国计划在2030年前实现载人登月，航天员将踏上月球，进行月球考察与样品采集，并乘坐飞船返回地球。

同时，在2016年提出的国际月球科研站设想基础上，我国抓紧论证国际月球科研站实施方案，方案将分 2 个阶段实施：2035 年前，建成科研站基本型；2050 年前，建成功能完善、稳定运行的国际月球科研站。

04

勇闯极寒之地的嫦娥七号

嫦娥七号任务是一次全新的任务，将在月球温度最低（平均温度在 -170℃ ~ -110℃，最低达到 -230℃）的南极区域进行长周期的科学探测。嫦娥七号任务将研制并发射新型探测器，形成月球南极绕、落、巡、飞、穿综合探测体系，实现月球南极区域环境与资源详查，为后续月球科研站建设奠定基础。

嫦娥七号探测器共包括 4 个独立探测器：轨道器、着陆器、巡视器和飞跃器，还携带一个小的月壤勘查器，用于开展深部月壤的物性分析。轨道器、着陆器、巡视器将实现 8 年长周期科学探测。

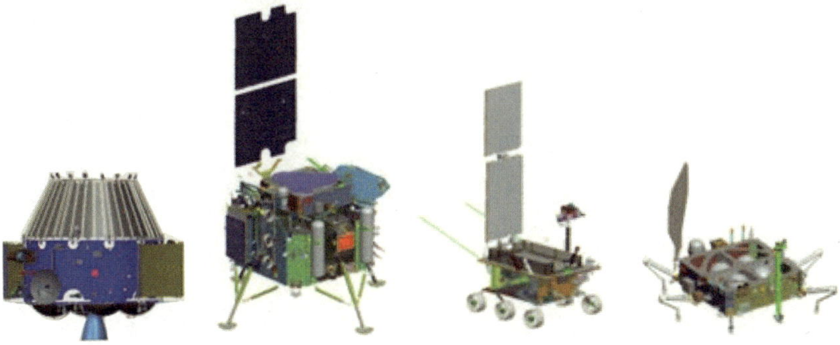

图 8-4　嫦娥七号轨道器、着陆器、巡视器和飞跃器示意图

轨道器：负责完成探测器地月转移，与着陆器、巡视器、飞跃器组合体分离，环月详查，多次变轨开展着陆区详查及月球遥感探测。

着陆器：携带巡视器和飞跃器，完成月球南极着陆，释放巡视器、飞跃器和月壤勘查器，开展就位科学探测。

巡视器：携带科学载荷，在月球南极区域开展巡视探测。

飞跃器：携带科学载荷，在月球南极光照区及永久阴影坑探测。

嫦娥七号探测器将于2026年前后在海南文昌发射场采用长征五号运载火箭进行发射，将突破月面高精度详查、定点着陆、阴影坑飞跃、适应极区极端环境的智能机器人、长寿命高可靠等关键技术，实现月球南极区域月壤水冰和挥发组分、月球形貌、物质成分、地质构造、月球内部结构的精细探测以及磁场等南极月表环境的综合探测。

此次嫦娥七号探测器配置了大量科学载荷。

(1) 轨道器上：配置了高分辨率立体相机、月球微波成像雷达、宽谱段红外光谱成像仪、月球中子伽马谱仪、环月磁强计5种国内科学载荷，以及泰国的月球空间天气全球监测传感装置、埃及和巴林联合研制的月表物质超广谱成像仪、与瑞士合作的月基双通道地球辐射能谱仪3种国际合作载荷；还有1台激光通信技术试验载荷，用于开展月地远距离激光通信技术验证。

(2) 着陆器上：配置了降落相机、地貌相机、月表环境探测系统、月震仪4种国内科学载荷，以及俄罗斯的月球尘埃与电场探测仪、国际天文协会的微型天文观测相机和意大利的激光角反射器3种国际合作载荷；搭载1个科普载荷，将在月面开展与地面不同的旗帜飘扬展示。此外，搭载发射的月壤勘查器配有力学感知、热电探针、侵彻热感知和气体感知 4 种微型科学探测模块，开展深部月壤的物性探测。

(3) 巡视器上：配置了全景相机、月表磁场测量仪、月壤挥发分测量仪、拉曼光谱仪、测月雷达 5 种国内科学载荷。

(4) 飞跃器上：配置的主载荷为月壤水分子分析仪，同时携带一台小型红外光谱仪。

嫦娥七号载荷数量和种类为历史规模最大，在嫦娥七号探测器平台 8 年寿命的支持下，将获得更多的科学数据，为科学家开展月球南极物质、环境、地质及内部结构等研究提供强大支撑。

05

承担月球科研站技术验证的嫦娥八号

嫦娥八号将于2028年前后在海南文昌发射场采用长征五号运载火箭发射。探测器包含着陆器、巡视器、作业机器人3个独立探测器，经地月转移、近月制动、环月飞行，在月球选定区域着陆，开展科学探测。探测器配置软X射线望远镜、小型陆生生态实验系统、原位资源利用试验系统和月表原位样品分析与制氧实验室等十几种科学载荷，同时预留约200千克重量资源用于国际载荷搭载。

嫦娥八号任务的工程目标

一是突破大承载通用月面着陆平台、多器协同作业、月面通信组网、智能化综合指挥控制中枢等关键技术，研制着陆器、巡视器、作业机器人等月面功能模块。

二是开展月面多器联合探测、科学实验和技术试验，初步形成科研站建造与自主运行、综合科学探测与实验、原位资源利用等综合能力。

三是初步构建月球科研站工程体系，为建设国际月球科研站等月面基础设施，开展更大规模的月球探测与开发利用活动奠定基础。

嫦娥八号任务的科学目标

一是月球多物理场探测与研究；

二是月球区域地质剖面探测与研究；

三是月球原位样品分析及资源就位利用实验与研究；

四是月表环境下小型封闭陆生生态系统实验与研究；

五是月基对地大气能量平衡及地球磁层宏观观测与研究。

06

共商、共建、共享的国际月球科研站

虽然人类对月球的探测已有多次，但月球还有太多的谜团有待揭开，在月球上建设一个长期稳定运行的平台，开展大规模、长周期、多种类、全范围的探测是全世界行星科学家们梦寐以求的愿望。

然而，愿望的实现并不是一蹴而就的，需要大量的人力、物力和经费的支撑，单个国家难以全面推动。随着全球航天技术的日益进步和国际合作的不断深化，面向未来，多国联合建设一个国际月球科研站已不仅仅是一个愿景，更成为人类探索宇宙奥秘、和平利用太空的必然趋势。

在中国国家航天局的牵引下，中国作为发起国，率先开展了国际月球科研站的论证，并于 2024 年 9 月在黄山召开的深空探测（天都）国际论坛会议上，发布了国际月球科研站的初步方案和国际合作设想。

国际月球科研站（ILRS）是由中国倡议，多国共商、共建、共享，在月球表面与月球轨道长期无人自主运行、短期有人参与，可扩展、可维护、天地一体综合运行的科学实验设施。将分两个阶段实施。

第一阶段是基本型建设

在2035年前，以月球南极区域为中心，具备百千米范围的科研作业能力。通过地月一体化信息网络，实现无人探月、载人登月、国际合作等多项任务间互联、互通、互操作，形成功能和要素基本齐备的月基综合性科研平台。

第二阶段是拓展型建设

在2050年前，建成以月球轨道站为枢纽，以月球南极站为中心，以月球赤道、月球背面为探测节点的月球综合站网，形成长期无人、短期有人、功能完善、持续稳定运行的大型综合科研平台。

国际月球科研站将具备能源供应、中枢控制、通信导航、地月往返、月面科考、地面支持等功能，可长期持续开展科学探测、资源开发、技术验证等多学科、多目标、大规模科学和技术活动。

国际月球科研站以重大科学发现、资源开发利用为主要目标，以建设公共平台、服务各成员需求为出发点，按照政府牵引、传统航天单位和商业航天企业共同推进的实施模式开展。

科研站由月面段、月轨段、地面段设施组成，系统分为能源供给、智能信息、月面运输、科研作业、地月往返、生存防护、发射回收、测控通信、运营支持、科学应用10部分。

2021年，中国国家航天局发布了《国际月球科研站合作伙伴指南》。目前，已与委内瑞拉、南非、阿塞拜疆、巴基斯坦、白俄罗斯、埃及、泰国等近20个国家或国际组织签署了合作协定。国际月球科研站将以“和平利用、平等互利、共同发展”为合作宗旨，通过各参与国开展包括联合论证、任务级、系统级、分系统级、设备级、地面设施、科学应用、教育培训等方面的项目合作，推进科研站建设，互惠互利、共同发展。

国际月球科研站将成为全人类太空开发的重要基础设施和地外天体开发的重大标志性共享平台。对月球深入探测、月基观测以及物理、生命、材料等科学实验，将使人类在对月球的形成与演化等方面获得更深入的认识。

07

中国人何时能登陆月球

20 世纪 60 ~ 70 年代，美国阿波罗计划已经实现了载人登陆月球。其中，阿波罗 11 号为首次登月任务，宇航员阿姆斯特朗和奥尔德林成为首次踏上月球的人类。1969 年 7 月 21 日，阿姆斯特朗在率先踏上月面的那一刻，激动地说："这是一个人的一小步，但却是全人类的一大步！"阿波罗计划使美国成功实施了 6 次载人登月，共 12 名宇航员登陆月球，带回 382 千克月球样品，为人类认识月球作出了重大贡献。

时隔半个多世纪，我国载人航天工程成功建成长期有人照料的地球轨道空间站，探月工程成功实现月球"绕、落、回"三步走战略目标，已具备月面着陆、起飞月球轨道交会对接和月—地返回的技术能力，那么中国人何时能登陆月球呢？

延续嫦娥奔月的美丽传说，载人登月一直是中国航天人矢志不渝的梦想。自 21 世纪初，中国航天前辈就制定了月球探测的大三步规划——"探""登""驻"，已经将载人登月计划纳入规划。随着载人航天工程和探月工程的成功推进，载人登月经过深入论证，提上日程。

2023年7月12日，我国发布了2030年前实现载人登月的愿景。中国载人登月计划的目标是实现人类登月探测技术的全面突破，并为人类未来深空探测和登陆火星等其他星球打下基础。此次登月任务旨在通过载人探测，收集月球表面、月壳、月核等多方面的重要数据，为深入研究月球及其资源提供重要支撑。

首次登月任务初步方案是：采用两枚运载火箭，分别将月面着陆器和载人飞船送至环月轨道，在月球轨道交会对接，航天员从飞船进入月面着陆器。其后，月面着陆器下降着陆月面预定区域，航天员登上月球，开展科学考察与样品采集。完成月面任务后，航天员乘坐着陆器上升至环月轨道与飞船对接，并携带样品乘飞船返回地球。

目前，工程团队正在开展关键技术深入研究，并完成了实施方案论证，工程研制建设工作也已全面部署，包括新一代载人运载火箭（长征十号）、新一代载人飞船（梦舟载人飞船）、月面着陆器（揽月月面着陆器）、登月服等。

尽管实现载人登月还有很多技术难关要攻克，但我们相信，在我国已有的航天基础上，通过集中优势力量攻关，中国人一定会如期实现载人登月的既定目标，助力人类重返月球，推动人类迈向更远的深空。

结束语

探索未知世界是人类发展的永恒动力，认识茫茫宇宙是人类的不懈追求。中国探月工程始终把“探索宇宙未知、服务人类文明”作为使命担当，遵循“以国为重、追求卓越、崇尚科学、整体最优”的价值导向，从国家实际出发，有所为有所不为，推进探月工程稳步前进；瞄准世界前沿，勇攀科技高峰，不断推动深空探测事业的创新发展。20年来，探月工程取得了一系列重要成果，为人类探索宇宙奥秘、促进人类文明进步作出了重大贡献。

我国的探月工程起步晚，但起点高。站在21世纪之初、第三次和第四次工业革命之交，恰逢电子信息、空间技术、人工智能等技术蓬勃发展的新时代，技术更新快、任务成功率高、工程发展迅速。作为深空探测的起步阶段，探月工程的长足发展为更远的深空探测奠定了坚实基础。2020年7月23日，我国首颗火星探测器天问一号发射升空，半年后成功进入火星轨道，着陆器和巡视器（祝融号火星车）成功着陆火星表面，开展就位和巡视探测，标志着我国行星探测的起步。

后续我国深空探测除继续开展月球探测外，还将进一步开展小行星探测（天问二号，计划2025年发射）、火星采样返回（天问三号，2028年左右发射）、木星系探测（天问四号，2030年前后发射）及太阳系边际探测等任务；构建近地小行星撞击防御系统，实施小行星在轨处置技术验证任务；研制近地轨道运载能力不小于150吨、地月转移轨道运载能力不小于50吨的重型运载火箭。

这些任务和工程的推进，将进一步促进我国空间科学创新、空间技术进步和空间应用拓展，大大提升我国进入空间、探索空间和利用空间的能力。

上述工程实施将坚持以我为主、合作共赢的原则，大力开展国际合作，中国将与各致力于深空探测的国家一道，携手走向宇宙更深处，共同探索宇宙奥妙；同时，构筑牢不可破的地球防护网，保护好我们美丽的地球家园。

地球是人类的生存之基，宇宙是人类的心之所向。梦想的力量必将促进人类不断开拓、勇毅前行。中国必将用中国智慧和中国力量担当起人类文明进步的推动者，为人类的生存和发展作出应有的贡献！

参考文献

[1] 欧阳自远 . 月球科学概论 [M]. 北京：中国宇航出版社，2005.

[2] 吴伟仁 . 奔向月球 [M]. 北京：中国宇航出版社，2007.

[3] 吴伟仁，张荣桥，郝希凡 . 嫦娥二号工程技术手册 [M]. 北京：中国宇航出版社，2011.

[4] 吴伟仁，裴照宇，刘彤杰，等 . 嫦娥三号工程技术手册 [M]. 北京：中国宇航出版社，2013.

[5] 苏著亭，杨继材，柯国土 . 空间核动力 [M]. 上海：上海交通大学出版社，2016.

[6] 刘继忠，邹永廖 . 铸就辉煌：中国探月工程科学成果（第一辑）[M]. 北京：中国宇航出版社，2019.

[7] 吴伟仁，刘继忠，唐玉华，等 . 嫦娥四号工程 [M]. 北京：中国宇航出版社，2019.

[8] 马世俊，唐玉华，朱安文，等 . 空间核动力的进展 [M]. 北京：中国宇航出版社，2019.

[9] 徐蒙，金星 . 飞奔去月球 [M]. 北京：北京科学技术出版社，2021.

[10] 刘继忠 . 探测月球 : 嫦娥探月知识问答 [M]. 北京 : 中国宇航出版社 , 2022.

[11] 胡浩 , 等 . 中国首次月球采样返回工程 [M]. 北京 : 中国宇航出版社 , 2022.

[12] 吴伟仁 , 张正峰 , 张哲 , 等 . 星耀中国 : 我们的嫦娥探月卫星 [M]. 北京 : 人民邮电出版社 , 2023.

[13] 劳尼厄斯 . 太空探索通史 : 从古代世界到星际未来的发现之旅 [M]. 郑永春 , 刘晗 , 译 . 上海 : 上海科技教育出版社 , 2024.

[14] 贺怀宇 . 嫦娥五号月球样品研究前沿与进展 [M]. 北京 : 科学出版社 , 2024.

[15] 北京航天飞行控制中心 . 月背征途 : 中国探月国家队记录人类首次登陆月球背面全过程 [M]. 北京 : 北京科学技术出版社 , 2021.

[16] 刘继忠 , 唐玉华 , 等 . 嫦娥四号工程管理 [M]. 北京 : 中国宇航出版社 , 2023.

[17] 刘继忠 , 严俊 , 邹永廖 , 等 . 嫦娥四号科学研究创新成果 [M]. 北京 : 中国宇航出版社 , 2024.

[18] 栾恩杰 . 中国的探月工程——中国航天第三个里程碑 [J]. 中国工程科学 , 2006, 8(10): 31-36.

[19] 吴伟仁 , 刘继忠 , 唐玉华 , 等 . 中国探月工程 [J]. 深空探测学报 , 2019, 6(5): 405-416.

[20] 魏思佳 , 何雨旸 , 刘天宇 , 等 . 小行星探测历史及启示 [J]. 空间科学学报 , 2024, 44(1): 19-50.

[21] 洪晓瑜 , 张秀忠 , 郑为民 , 等 . VLBI 技术研究进展及在中国探月工程的应用 [J]. 深空探测学报（中英文）, 2020, 7(4): 321-331.

[22] 向艳超 , 邵兴国 , 刘自军 , 等 . 嫦娥一号卫星热控系统及其特点 [J]. 航天器工程 , 2008, 17(5): 42-46.

[23] 黄欣，王立，卢欣．嫦娥一号卫星紫外月球敏感器 [J]. 空间控制技术与应用，2008, 34(1): 51-55+64.

[24] 王振占，李芸，姜景山，等．用“嫦娥一号”卫星微波探测仪亮温反演月壤厚度和 3 He 资源量评估的方法及初步结果分析 [J]. 中国科学（D 辑：地球科学），2009, 39(8): 1069-1084.

[25] 吴伟仁，崔平远，乔栋，等．嫦娥二号日地拉格朗日 L2 点探测轨道设计与实施 [J]. 科学通报，2012, 57(21): 1987-1991.

[26] 孟林智，黄江川，叶培建，等．嫦娥二号卫星多目标多任务设计与经验 [J]. 中国科学：技术科学，2013, 43(6): 585-595.

[27] 刘磊，吴伟仁，唐歌实，等．“嫦娥二号”后续小行星飞越探测任务设计 [J]. 国防科技大学学报，2014, 36(2): 13-17.

[28] 乔栋，黄江川，崔平远，等．嫦娥二号卫星飞越 Toutatis 小行星转移轨道设计 [J]. 中国科学：技术科学，2013, 43(5): 487-492.

[29] 吴伟仁，李海涛，董光亮，等．嫦娥二号工程 X 频段测控技术 [J]. 中国科学：技术科学，2013, 43(1): 20-27.

[30] 吴伟仁，黄磊，节德刚，等．嫦娥二号工程 X 频段测控通信系统设计与试验 [J]. 中国科学：信息科学，2011, 41(10): 1171-1183.

[31] 孙泽洲，贾阳，张熇．嫦娥三号探测器技术进步与推动 [J]. 中国科学：技术科学，2013, 43(11): 1186-1192.

[32] 吴伟仁，周建亮，王保丰，等．嫦娥三号“玉兔号”巡视器遥操作中的关键技术 [J]. 中国科学：信息科学，2014, 44(4): 425-440.

[33] 吴伟仁，于登云．“嫦娥 3 号”月球软着陆工程中的关键技术 [J]. 深空探测学报，2014, 1(2): 105-109.

[34] 刘少创，贾阳，马友青，等．嫦娥三号月面巡视探测器高精度定位 [J]. 科学通报，2015, 60(4): 372-378.

[35] 代树武，贾瑛卓，张宝明，等．嫦娥三号有效载荷在轨测试初步结果

[J]. 中国科学：技术科学, 2014, 44(4): 361-368.
[36] 马茂莉，郑为民，黄逸丹，等. 嫦娥三号探测器 DOR 信号本地相关处理与定轨验证 [J]. 中国科学：物理学 力学 天文学, 2017, 47(2): 106-114.
[37] 黄翔宇，张洪华，王大轶，等. “嫦娥三号”探测器软着陆自主导航与制导技术 [J]. 深空探测学报, 2014, 1(1): 52-59.
[38] 吴伟仁，王大轶，李骥，等. 月球软着陆避障段定点着陆导航方法研究 [J]. 中国科学：信息科学, 2011, 41(9): 1054-1063.
[39] 吴伟仁，李骥，黄翔宇，等. 惯导 / 测距 / 测速相结合的安全软着陆自主导航方法 [J]. 宇航学报, 2015, 36(8): 893-899.
[40] 张巧玲. “嫦娥三号”任务及其初步科学成果 [J]. 中国科学院院刊, 2017, 32(1): 85-90.
[41] 张洪华，梁俊，黄翔宇，等. 嫦娥三号自主避障软着陆控制技术 [J]. 中国科学：技术科学, 2014, 44(6): 559-568.
[42] 孙泽洲，张熇，贾阳，等. 嫦娥三号探测器地面验证技术 [J]. 中国科学：技术科学, 2014, 44(4): 369-376.
[43] 吴伟仁，刘庆会，黄勇，等. “嫦娥 3 号”月面探测器同波束干涉测量系统的设计与实现 [J]. 深空探测学报, 2015, 2(1): 34-42.
[44] 孙泽洲，张廷新，张熇，等. 嫦娥三号探测器的技术设计与成就 [J]. 中国科学：技术科学, 2014, 44(4): 331-343.
[45] 陈百超，王荣本，贾阳，等. 高通过性与平稳性月球车移动系统设计 [J]. 机械工程学报, 2008, 44(12): 143-149.
[46] 何志平，李春来，吕刚，等. 月球表面原位光谱探测技术研究与应用（特约）[J]. 红外与激光工程, 2020, 49(5): 62-69.
[47] 汪锦州，崔兴柱，王焕玉，等. 玉兔号月球车粒子激发 X 射线谱仪 [J]. 现代物理知识, 2017, 29(4): 34-38.

[48] 吴伟仁，王琼，唐玉华，等．“嫦娥 4 号”月球背面软着陆任务设计 [J]. 深空探测学报，2017, 4(2): 111-117.
[49] 贾瑛卓，薛长斌，邹永廖．月球背面——低频射电天文观测的圣地 [J]. 现代物理知识，2019, 31(3): 14-17.
[50] 孙泽洲，张有为，陈向东，等．基于嫦娥四号任务的月球背面浅层月壤温度原位测量 [J]. 中国科学：技术科学，2022, 52(9): 1447-1455.
[51] 叶培建，孙泽洲，张熇，等．嫦娥四号探测器系统任务设计 [J]. 中国科学：技术科学，2019, 49(2): 124-137.
[52] 王镓，吴伟仁，李剑，等．基于视觉的嫦娥四号探测器着陆点定位 [J]. 中国科学：技术科学，2020, 50(1): 41-53.
[53] Wu W R, Tang Y H, Zhang L H, et al. Design of communication relay mission for supporting lunar-farside soft landing [J]. Science China (Information Sciences), 2018, 61(4): 73-86.
[54] 张立华，吴伟仁．月球中继通信卫星系统发展综述与展望 [J]. 深空探测学报，2018, 5(6): 497-505+568.
[55] Tang Y H, Wu W R, Qiao D, et al. Effect of orbital shadow at an Earth-Moon Lagrange point on relay communication mission [J]. Science China (Information Sciences), 2017, 60(11): 211-220.
[56] 李潇祎，陆景彬，郑人洲，等．核电池概述及展望 [J]. 原子核物理评论，2020, 37(4): 875-892.
[57] 牛厂磊，罗志福，雷英俊，等．深空探测先进电源技术综述 [J]. 深空探测学报，2020, 7(1): 24-34.
[58] 陈金利，薛翔，王园丁，等．空间核电源热电转换技术研究综述 [J]. 火箭推进，2024, 50(4): 42-54.
[59] 吴伟仁，于登云，王赤，等．嫦娥四号工程的技术突破与科学进展 [J]. 中国科学：信息科学，2020, 50(12): 1783-1797.

[60] 邓湘金，郑燕红，金晟毅，等. 嫦娥五号采样封装系统设计与实现 [J]. 中国科学：技术科学，2021, 51(7): 753-762.

[61] 吴伟仁，王大轶，胡海霞，等. 一种环月交会对接航天器的自主导航方法 [J]. 中国科学：技术科学，2012, 42(5): 548-555.

[62] Huang L, Li H T, Dong G L, et al. Introduction to the TT&C Scheme for Chang' e-5 Mission [J]. Transactions of Nanjing University of Aeronautics and Astronautics, 2022, 39(5): 530-540.

[63] 胡浩，董光亮，裴照宇，等. 嫦娥五号任务再入返回段测控总体设计与实现 [J]. 宇航学报，2023, 44(5): 670-676.

[64] 郑永洁，王泽国. 嫦娥五号探测器 GNC 系统设计 [J]. 空间控制技术与应用，2021, 47(5): 68-74.

[65] 洪鑫，郭尚群，韩泉东，等. 嫦娥五号探测器推进系统研制与飞行 [J]. 推进技术，2022, 43(10): 6-19.

[66] 孟占峰，高珊，盛瑞卿. 嫦娥五号月球轨道交会导引策略设计 [J]. 航空学报，2023, 44(5): 242-257.

[67] 孟治国，唐天琦，董学纲，等. 嫦娥五号等着陆区的月壤微波热辐射特性及地质意义分析 [J]. 中国科学：物理学 力学 天文学，2023, 53(3): 105-121.

[68] 胡浩，裴照宇，李春来，等. 无人月球采样返回工程总体设计——嫦娥五号任务 [J]. 中国科学：技术科学，2021, 51(11): 1275-1286.

[69] 胡浩，王琼，胡浩德，等. 人类首次月球背面采样返回“嫦娥”六号任务综述 [J]. 中国航天，2024, (7): 7-13.

[70] 孟占峰.“嫦娥”六号任务轨道设计技术创新与启示 [J]. 中国航天，2024, (7): 14-21.

[71] 刘力维，韩坤英，丁孝忠，等. 嫦娥六号探测器预选着陆区区域地质特征及演化分析 [J]. 地学前缘，2025, 32(2): 332-345.

[72] Li C L, Hu H, Yang M F, et al. Nature of the lunar far-side samples returned by the Chang’E-6 mission [J]. National Science Review, 2024, 11(11): nwae328.
[73] 吴伟仁，于登云，王赤，等．月球极区探测的主要科学与技术问题研究 [J]. 深空探测学报（中英文），2020, 7(3): 223-231+240.
[74] 吴伟仁，李海涛，李赞，等．中国深空测控网现状与展望 [J]. 中国科学：信息科学，2020, 50(1): 87-108.